AF260163

VOYAGE EN SUISSE

EAUX MINÉRALES

ET

STATIONS SANITAIRES

PAR

LE Dr A. LABAT

Ex-Président de la Société d'hydrologie de Paris
et membre de la Société d'hydrologie de Madrid, Turin,
de la Société géologique de France, etc.

PARIS

LIBRAIRIE J.-B. BAILLIÈRE

19, RUE HAUTEFEUILLE

1895

VOYAGE

EN SUISSE

EAUX MINÉRALES

ET

STATIONS SANITAIRES

PAR

Le Dr A. LABAT

Ex-Président de la Société d'hydrologie de Paris
et membre de la Société d'hydrologie de Madrid, Turin,
de la Société géologique de France, etc.

PARIS

LIBRAIRIE J.-B. BAILLIÈRE

19, RUE HAUTEFEUILLE

1895

RENSEIGNEMENTS ET CONSEILS PRATIQUES

Tout voyage doit être préparé :

Revoir les principaux points de l'histoire de la Suisse ; ils se rattachent à la conquête des Gaules par César, à l'invasion des Francs et des Burgondes, à la grande lutte pour l'indépendance, au xive siècle, contre les ducs d'Autriche et les rois de Bourgogne ; à la réforme de Zwingle, aux troubles religieux qui en furent la conséquence ; à la lutte de la Révolution française contre les coalisés ; enfin les régiments suisses, ayant souvent figuré dans nos armées, ont partagé nos triomphes et nos revers.

Etudier les itinéraires à l'aide de bonnes cartes géographiques et géologiques (Dufour), pas trop grandes pour les emporter et les développer sur le terrain. On a publié beaucoup de guides trop encombrants et trop détaillés, plus exacts que ceux des autres pays tant la Suisse est connue dans tous ses replis.

Instruments d'étude : une bonne lorgnette, une assez forte loupe ; une boussole de géologue, un baromètre anéroïde allant à 3,000 mètres, plusieurs thermomètres ; un petit mètre de poche et un mètre double d'architecte ; un sac et un marteau de géologue, un petit flacon d'acide dilué, un autre d'ammoniaque ; un portefeuille herbier. Enfin du laudanum, de l'arnica, de la quinine, du sparadrap, etc., tout cela sous un petit volume.

Ne pas se préoccuper des monnaies, vu la convention latine ; nos billets de banque acceptés comme ailleurs. L'agence Cook délivre des mandats sans frais, pour les principales villes.

La bonne saison de voyage se réduit à juillet et août ; printemps froid, avalanches ; en automne pluies et neiges, matinées et soirées très fraîches. Ceci s'applique surtout à la montagne. Conséquence : chemises de chasse, ceintures de flanelle, vêtements de laine ; laisser la toile aux jeunes. Manteau ou plaid pour la voiture ouverte, pèlerine pour les courses ; voile vert pour la neige, ombrelle, parapluie à manche pouvant servir de canne, le bâton ferré pour ascensions ; chaussures fortes, à bouts larges, à cuir souple ; les gros clous ne sont bons que pour les glaciers. Ainsi on évitera les refroidissements de montagne qui engendrent les rhumes et les coliques.

Nombreuses combinaisons de voyages aux agences Cook, Lubin, voyages pratiques, voyages circulaires aux gares de l'Est et du Paris-Lyon ; ces derniers plus particuliers aux voies ferrées. Je n'aime pas le voyage en bandes où tout est prévu, sauf le mauvais temps ; néanmoins je le reconnais utile à certaines catégories de touristes dépourvus d'initiative.

La locomotion est aujourd'hui transformée : aux chemins de fer qui sillonnent la Suisse basse, aux grandes voies internationales qui s'enfoncent sous les Alpes, se sont reliés les chemins de fer à voies étroites et funiculaires à systèmes variés, mais d'une multiplication inquiétante dans leurs trajets vertigineux.

Il y a toujours les bonnes postes suisses dont le coupé est très recherché, quoiqu'un peu juste ; les *extra-post* aussi chers que les landaus des voituriers où l'on est bien à deux, moins bien à quatre. Tout en rendant justice aux postillons d'une trempe spéciale et admirables quand ils n'ont bu qu'à dose tonique, je ne puis m'empêcher de remarquer que certaines routes des Alpes n'atteignent pas 6 mètres, largeur minimum pour le croisement. Ajoutez que les parapets sont trop minces, usés ou renversés, qu'il y a des gouffres de plusieurs centaines de mètres et qu'on y passe jour et nuit, par tous les temps. Les voitures de retour, quand il s'en trouve, sont avantageuses. Des conventions peuvent être faites, à prix moindre, pour une excursion de plusieurs jours ; elles ne sont profitables qu'en temps fixe. Alors les conditions deviennent excellentes pour s'arrêter à d'autres points que ceux fixés par la routine. Les chars à bancs sont précieux dans les routes étroites et difficiles.

Les guides sont toujours là avec leurs chevaux et mulets ; plus chers qu'autrefois, moins occupés et, partant, d'humeur moins égale ; il s'en trouve encore d'excellents. Moins de chaises à porteurs depuis les funiculaires.

Les Suisses parlant les trois langues, point d'embarras pour l'étranger surtout dans les grands hôtels. Ces derniers sont des modèles d'organisation ; cependant la cuisine m'a paru moins soignée. Les repas sont servis à la française. Les hôtels de second ordre presque toujours acceptables. Le petit déjeuner avec miel, confitures, beurre, est un régal. Les prix de pension deviennent très doux pour ceux qui y séjournent. Demander toujours les vins du pays, Neufchâtel, Vaud, Rhin, Valteline; Yvorne, Vevey, Hallauer, Montagner, etc.

L'affluence des étrangers, du 15 juillet au 15 août, affluence réelle en certains points, comme à Lucerne où les employés de la gare vous prévenaient qu'il n'y avait plus de place, exagérée dans d'autres endroits, nécessite le jeu incessant du télégraphe. Dans ces cas les billets d'hôtel, si précieux pour fixer la dépense et assurer l'indépendance, exposent le porteur à loger sous les combles. D'où la nécessité de bien choisir les centres d'excursions et d'user des allers et retours ; ce qui peut alléger les transes du voyageur c'est la facilité d'envoyer ses bagages d'un point à un autre avec sécurité de les retrouver au lieu désigné. Les gros bagages sont, en général, taxés à part et l'envoi n'augmente pas la dépense.

Méfiez-vous des programmes de voyage de 8, 15 et 30 jours à étapes fixes ; ils sont trop chargés et établis sans tenir compte du temps et des imprévus. Ceux qui vont de l'avant, dans le seul but de pouvoir dire par où ils sont passés, n'éprouvent, de ce chef, aucun mécompte.

Point important pour qui veut avoir une idée nette du pays parcouru, choisir ses points de vue, en sachant que les plus élevés ne sont pas les meilleurs (le Rigi, 1800 mètres, en est un exemple). D'ailleurs il faut éviter le surmenage.

S'observer dans son régime est une bonne chose en tout pays ; en Suisse, cela a moins d'importance que dans les régions méridionales.

ITINÉRAIRE

Ce programme de voyages s'adresse principalement aux médecins hydrologues qui s'occupent aussi de climatologie, de géologie et d'histoire naturelle ; il peut servir aux touristes qui s'intéressent à ces questions. Nous l'avons à peu près suivi dans notre dernier parcours (1894), complément de sept à huit voyages depuis 1850. Nous avons dit, plus haut, combien les conditions étaient changées et combien les moyens de transport s'étaient multipliés ; mais la belle nature est toujours là, immuable dans ses grandes lignes ; le voyage à pied ou à cheval conserve ses avantages au point de vue de la contemplation et de l'examen ; la voiture particulière, également. Du reste chacun devra se gouverner suivant ses forces et sa bourse.

Les médecins suisses attachés aux établissements font bon accueil à leurs confrères étrangers ; plusieurs d'entre eux, familiers avec les sciences naturelles, fourniront de précieux renseignements que l'on trouve, du reste, dans leurs brochures. Dans les villes on pourra voir quelques professeurs instruits dont les indications modifient ou complètent l'itinéraire. Profiter des jours de mauvais temps pour visiter les collections scientifiques. Prendre des notes journalières, un peu sur tout, quitte à rayer plus tard.

Le voyage commençant en plein été il semble plus rationnel d'entrer par le nord et de terminer par le sud. Cela n'est pas rigoureux, puisqu'il faut suivre des lignes brisées qui vous font passer du nord au sud et *vice versa*.

De Paris à **Bâle** : 11 heures par le rapide. Plusieurs hôtels près la gare; au centre les Trois Rois, précieux, en temps chaud, par sa galerie nord sur le Rhin, vue de la Forêt Noire. Ville largement percée, sans caractère; cathédrale en grès rouge, tombe d'Erasme; musée (quelques bons tableaux allemands et flamands), antiquités préhistoriques; hors la porte, monument de la bataille de Saint-Jacques (1444). *Rheinfelden* une demi-heure par chemin de fer badois.

De Bâle à Olten : traversée du Jura par le tunnel de Hauenstein. Dans le canton d'Aarau, l'abbaye de Königsfelden, le couvent de Wettingen, le plateau de Vindonissa d'où les légions surveillaient la Germanie; visite des stations de *Schinznach, Bade, Birmenstorf* et *Wildegg*.

Zurich. Bons hôtels près la gare. En voie d'accroissement; ville très allemande, centre d'activité commerciale et scientifique. Points de vue dans la ville même : sur la rive gauche la Katz; sur la rive droite, la Hœhe promenade, le Polytechnicum. On a l'idée de la riante situation au bord du lac. Sur la colline du Polytechnicum, hôpitaux, laboratoires; observatoire, bibliothèque, plan en relief de la Suisse, etc. Un funiculaire pour la station de l'*Utlieberg*. Plus loin l'*Albisbrun*, un des établissements hydrothérapiques les plus anciens.

De Zurich aller et retour à Shaffouse pour la chute du Rhin ; elle n'a que 15 mètres de hauteur, mais les quatre chutes séparées dépassent 100 mètres de largeur et le paysage est saisissant.

De Zurich à Ragaz, environ 3 heures : chemin de fer longeant le lac bordé de villas. A Wesen un embranchement pour Glaris, puis un autre pour les bains de *Stachelberg*. De Glaris voiture, 2 h. 30, en remontant la vallée verdoyante, *Lindthal;* excursion du Tœdi. La voie ferrée longe ensuite le lac de Wallenstadt très sauvage ; si l'on a du temps, promenade à Murg pour voir les rochers de porphyre rouge dominés par les pics calcaires ruiniformes. Là se trouvent les villages romans de *Quarten* et de *Quinten;* cela m'a rappelé *Quarto* et *Quinto* près Gênes.

Ragaz est un des centres les plus agréables de la Suisse ; il réclame un arrêt plus long.

De là, course au plateau d'*Appenzell* en quelques heures de chemin de fer, par la vallée du Rhin et Saint-Gall ; chemin à crémaillère pour *Heiden*. Belles masses de *Nagelfluhe* sur la route de Saint-Gall ; Calcaires imposants vers Appenzell. Costumes des paysans les jours de fête. Stations les plus renommées pour la cure du petit-lait. Une journée est à peine suffisante. Saint-Gall est bien situé, passe pour un pays sain.

Coire, à une petite distance dans une portion riante de la grande vallée. Bons hôtels et grand choix de voitures pour la montagne. Ville intéressante par ses tours romaines, son palais épiscopal, sa cathédrale du viiie siècle, son autel du ve, ses reliques carlovingiennes, etc. On y trouve des journaux en langue romane.

Paschug, 1 heure de voiture, dans la vallée de la Rabiosa. Il faut 6 heures pour monter par la vallée de la Plessur jusqu'à *Arosa*, nouvelle station d'hiver.

De Landquart, entre Ragaz et Coire, un chemin de fer à voie étroite monte à *Davos* en 3 heures ; comme il y a quatre trains par jour les bains de *Fideris* peuvent se voir entre deux trains. La vallée de Prætigau, N. O.-S. E., sans être grandiose offre les caractères de la nature alpestre aux altitudes moyennes ; étroite à l'entrée elle s'élargit plus loin. Des hauteurs de Wolfgang, 1,600 mèt., belle vue sur le lac, l'entrée de la vallée de Davos et l'ouverture de la Fluela pass.

Pour atteindre l'Engadine, on peut retourner de

Davos à Ragaz, descendre la vallée du Rhin et, dans ce cas, s'arrêter au plateau d'Appenzell que l'on n'aurait pas visité par avance ; faire le détour par Feldkirch et Landeck. Ne pas oublier qu'il faut sortir de Suisse, y rentrer et faire 8 heures de voiture de Landeck à Tarasp.

De Davos la route la plus courte vers l'Engadine est la *Fluela;* 6 heures de voiture jusqu'à Tarasp : montée de 850 mèt. en 4 heures, direction générale vers l'est, puis au nord-est à partir de Sus. La route est trop étroite et les lacets trop brusques pour les voitures de poste à 5 chevaux. Type du paysage des Hautes Alpes : chaos de pierres énormes roulées d'en haut ; sapins disparaissant vers 2,000 mèt. pour faire place aux gazons maigres ; solitudes silencieuses ; quelques vaches et quelques moutons ; sommets dénudés et glaciers. Au col, 2,400 mèt. l'hospice de triste apparence et les lacs bleus. Le 15 août dernier le temps était très beau, l'air vif, cependant le soleil chaud quoique le thermomètre ne marquât que 14°, tandis qu'à Davos il approchait de 20°. Descente, vallée Sussasca.

Les bains de *Tarasp* méritent un arrêt ; monter à Schuls en cas d'encombrement.

De Tarasp à Saint-Moritz 8 heures de voiture : route ancienne et meilleure. Dans la première partie on gravit, par la rive gauche, les hauteurs d'où l'Inn paraît au fond des précipices ; la rive droite est escarpée et presque inhabitée. Le château de Steinberg attire les regards perché sur des calcaires. A droite le glacier de la *Silvretta* ; Zernetz, alt 1,500 mèt., est le point d'arrêt ; assez bonne auberge, pont de bois couvert. Ici la vallée s'élargit ; céréales, prairies, mélèzes sur les flancs des montagnes neigeuses. La route devient plus aisée, sans précipices. Entre Zernetz et Scanfs se trouve la limite de la basse et de la haute Engadine. Le pays devient plus nu, plus sévère.

La haute Engadine est curieuse en ce sens qu'on y parle le roman, qu'on y voit des inscriptions romanes, des villages romans tels que Lavin, que les murs épais et les fenêtres étroites ont leur physionomie; enfin que le caractère des habitants a des traits particuliers.

Zuoz à 1.750 mètres, hôtels de bonne mine, demande un arrêt, puisqu'il y existe une station d'hiver. A Ponte débouche la route de l'Albula; à Samaden l'hôtel Bernina attire les regards. A Celerina confluent des vallées.

A Saint-Moritz vous n'avez que le choix des hôtels; l'hôtel du lac, vieille réputation, a l'avantage d'être central.

Saint-Moritz est un centre excellent pour quelques jours et d'où se visitent aisément *Pontresina* et la *Maloja*.

Nous devons indiquer une autre route pour Saint-Moritz : de Tarasp à Nauders en descendant l'Engadine, puis à Trafoi et à *Bormio* par le Stelvio, le passage des Alpes le plus élevé et le plus grandiose; trajet coûteux, une vingtaine d'heures; nécessité de couper la route par exemple à Eyrs; grandes facilités de transport. Inconvénient de sortir de la Suisse pour entrer en Tyrol, puis en Italie, au Col. Il faut rentrer en Suisse par Tirano et, par la Bernina, à Saint-Moritz. C'est un supplément au voyage de Suisse, qui permet de voir un morceau de Tyrol, les grandes Alpes au Stelvio, les bains de Bormio station importante, les bains voisins de *Santa-Caterina*; la vallée de l'Adda sauvage dans sa partie haute, ensuite d'une végétation méridionale et d'une admirable fertilité. Éviter Tirano comme point d'arrêt et préférer l'élégant hôtel des bains de Le Prese près Poschiavo. Nous reviendrons sur le passage de la Bernina.

De Bormio à Tirano 4 heures de voiture, de Tirano à Le Prese 3 heures ; de Tirano au Col, montée fatigante de 1,900 mètres.

De Saint-Moritz au Gothard. — Choisir la Valteline et les lacs, ou la vallée du Rhin.

Si l'on n'a pas fait le tour du Stelvio et de Bormio, passer la *Bernina* en sens inverse ; le trajet est moins dur, puisque le point de départ est 1,800 mètres et qu'il n'y a que 550 mètres de montée jusqu'au Col, 2,330 mètres, en 3 ou 4 heures. Route plus ancienne, 1863, un peu plus large ; mieux tracée que la Fluela. Belles vues sur le glacier de Morteratsch et sur la chaîne de Bernina ; en haut glacier de Cambreña, lacs noir et blanc où se fait le partage des eaux. Toujours le désert des Hautes Alpes, les chaos granitiques, des tourbières ; au Col, une belle masse de micaschistes reluisant au soleil. Par un temps radieux, le 20 août, l'air était frais, thermomètre 12°, très au-dessous de la plaine, soleil vif. Déjeuner satisfaisant à l'hôtel de la Bernina où l'on trouve des chambres propres.

Descente en 3 heures à *Le Prese;* les sapins et les mélèzes reparaissent entre 2,000 et 2,200 mètres ; vers 1,500 mètres la vallée du Poschiavino s'élargit et prend un aspect moins sévère. (Nous avons déjà indiqué Le Prese comme préférable à Poschiavo, arrêt de la poste.)

Descente à Tirano en 1 h. 30 ; douane à Madonna di Tirano. En quittant Le Prese, il y a encore une gorge profonde et sauvage, mais bientôt apparaissent les noyers, les châtaigniers, la vigne, etc.

Tirano est un point de croisement pour les voitures : De Tirano à Sondrio, 3 heures, poste italienne inférieure aux postes suisses. La Valteline s'ouvre largement et étale sa végétation méridionale : maïs à haute tiges comme à notre frontière d'Espagne, figuiers, vignes, etc.; terrain schisteux. A Sondrio, bon hôtel sur la place. De Sondrio chemin de fer, 1 h. 30, en correspondance avec le bateau de Colico; sur la route station de Morbegno pour les bains de *Masino*. Il serait bon de coucher à Menaggio où des balcons de l'hôtel Victoria se développent les trois branches du lac de Côme.

De Menaggio billets directs pour Lucerne (Gothard). La route est charmante par Portezza et Lugano, mais les transbordements sont nombreux et fatigants, la chaleur venant s'ajouter. De Lugano un funiculaire ramène à la grande ligne partant de Milan.

Lugano est une station d'hiver ainsi que *Locarno*, sur le lac Majeur. La ligne de Côme et le funiculaire correspondant permettent de gravir le *Monte Generoso*, séjour d'été.

Sur la ligne du Gothard est la station de Biasca pour *Acqua rossa*; 1 h. 30 de voiture.

Nous n'avons pas à décrire le grand passage aujourd'hui si connu : la galerie des wagons est sur le côté Ouest, d'où les plus belles vues sur le lac Majeur, le Tessin et la Reuss. Entrée du tunnel à Airolo, sortie à Göschenen; altitude 1,100 mètres; durée, 18 minutes par un bon train. Le 24 août la température à l'entrée 32°, au milieu 24° en tenant le thermomètre en dehors, à l'air libre :

Le tunnel passe au-dessous d'*Andermatt*, qui est 300 mètres plus haut. C'est une station d'altitude et d'hiver à visiter de Göschenen. Ce petit village est devenu un centre d'excursions où affluent les touristes remplissant ses nombreux hôtels. De là au passage de la Furka et au glacier du Rhône, 6 heures de voiture; le col dépasse 2,400 mètres.

La route de la vallée du Rhin par l'*Albula* est moins longue à la descente; de Saint-Moritz au Col, 2,300 mètres, il n'y a que 500 mètres à monter; en 5 à 6 heures, aux bains d'*Alveneu*. Le chemin traverse un chaos de pierres granitiques porphyroïdes ; les sapins cessent de 2,000 à 2,200 mètres ; les gazons maigres sont parsemés de marguerites, de renoncules, de liserons, etc. Plus bas, à Bergün, 1,400 mètres, immenses parois calcaires ; j'ai trouvé là une forte source à 8°,5. En descendant à Alveneu, porphyres verts et rougeâtres ; schistes noirs effervescents ; à Thusis il y a aussi des schistes à veines calcaires. Beau défilé de *Shyn pass* entre Thusis et Tiefenkasten ; les éboulis sont fréquents sur la route. De Thusis à Reichenau, où l'on rejoint la vallée principale on aperçoit les bains de *Rothenbrun*.

Arrêt aux bains d'Alveneu d'où part une route pour Davos par *Wiesen*, à 6 ou 7 kilomètres, montée de 400 mètres. De Coire il est possible d'aborder Davos par cette voie assez longue.

Thusis offre des ressources d'hôtels et de voitures ; de là se fait rapidement l'excursion de la *via mala* : gorge étroite à parois calcaires de 4 à 500 mètres et vue du Rhin perdu comme un filet d'eau au fond du gouffre ; le second pont est le point le plus favorable. De Thusis, 10-12 heures de voiture par le *Splugen* à Chiavenna. On rejoint également le bateau de Colico et le Saint-Gothard. Le col de Splügen n'a que 2,100 mètres ; à la descente, longues et solides galeries.

La voie la plus courte de Saint-Moritz à Chiavenna passe par le val *Bregaglia*, grande route très suivie pour descendre en Italie. En quelques heures on passe d'un climat très froid à un climat très chaud.

Par la vallée du Rhin paysage grandiose, un peu monotone pendant 14 à 15 heures de voiture de Thusis à Göschenen.

La descente du Gothard par Wasen, Amsteg, Altorf, Arth-Goldau jusqu'à Lucerne est des plus pittoresques : vallées et gorges alpestres, vues sur la Reuss, les lacs, etc. ; rien n'y manque.

Le chemin du Saint-Gothard par Amsteg, Andermatt, le pont du Diable, l'hospice, 2,100 mètres, la belle descente à Airolo, sont à recommander aux touristes ; route ancienne et bonne, moins suivie depuis le grand tunnel ; il fallait 5 à 6 heures de montée.

Lucerne, en dépit de l'encombrement, est le meilleur point d'arrêt pour la région du lac. Bons hôtels voisins de la gare ; hôtels luxueux sur les quais (schweizerhof et national), l'ancien hôtel Sch-hof agrandi, avec sa véranda garnie d'arbustes et de fleurs donnant sur le lac et la longue allée de tilleuls. De la poussière et de la chaleur, mais quelle vie et quelle animation sur le quai d'où partent les bateaux du lac ! Leurs sifflements mêlés à ceux des locomotives témoimoignent de l'intensité de la vie moderne, tandis que, sur les quais de la Reuss, les vieux ponts de bois couverts, ornés de fresques originales, la vieille tour, enfin les murs d'enceinte à tourelles, vous reportent au moyen-âge.

Pour moi, Lucerne est la ville suisse par excellence, entourée des cantons primitifs d'Uri, de Schwitz et d'Unterwald ; assise sur le lac à forme bizarre où se déroulent tous les souvenirs de Guillaume Tell : Küsnacht, Grütli, Tell's platen, Altorf ; et les peintures grossières qui rappellent la légende. Le Pilate et le Righi forment l'entrée de ce splendide paysage. Les environs sont pleins de souvenirs glorieux : bataille de Sempach 1386 ; de Morgarten, lac d'Egeri 1315 ; de Cappel, (Zwingle.)

A voir dans la ville : l'arsenal et les trophées ; le plan en relief des environs dans le jardin des glaciers où sont reproduits les phénomènes glaciaires (blocs

striés et marmites des géants) ; la sculpture hardie
de Thorwaldsen où le lion gigantesque, taillé dans le
roc calcaire, ne choque point par sa masse, tant les
proportions sont habilement gardées. L'expression de
douleur est profondément touchante et le souvenir
du sanglant épisode joint à l'encadrement du paysage
réveille des pensées mélancoliques. Il y a si peu d'œu-
vres d'art en Suisse qu'on s'arrête complaisamment
à celle-ci. Les vues classiques du *Righi* et du *Pilate*
sont aujourd'hui à la portée de tout le monde depuis
les funiculaires. En temps clair se déroulent les chaî-
nes des Alpes N.E.-S.O. et du Jura ; les Vosges avec
des contours douteux.

De Lucerne à Brienz par le chemin de fer du Brünig
3 à 4 heures ; voie facile pour gagner l'Oberland. Près
d'Alpnach, funiculaire du Pilate dont l'ascension était
pénible autrefois. Vallée bien ouverte et chaude le
long des lacs de Saarnen et de Lungern ; assez joli
passage du col vers 1000 mètres au milieu des bois ;
hôtel Curhauss noyé dans la verdure. Descente à Mey-
ringen d'où l'on va voir les chutes de Reichenbach, la
célèbre cascade de la *Handeck* (voiture jusqu'à Gutta-
nen.) La masse d'eau, tombant de 200 pieds dans un
gouffre, produit plus d'effet que celle de Terni en Italie.
Plus haut l'hospice du Grimsel d'où l'on partait autrefois pour le glacier du Rhône.

Les voyageurs s'arrêtent peu à Brienz, où les hôtels
sont restés primitifs ; plus souvent à Thoune, avant
tout à Interlaken trop poétisé.

Un arrêt à Brienz permet d'aller voir la cascade
du Giesbach, hôtel coquet et frais dans la verdure. Un
funiculaire pour l'ascension du Rothorn, 2,350
mètres. J'ai le souvenir qu'elle était assez dure à pied.
C'était en octobre, et la neige montait aux genoux ;
en revanche, le temps était très clair. Vue sur les lacs
et la chaîne de l'Oberland ; au nord-est sur les mon-

tagnes de Lucerne ; au nord-ouest jusqu'au Jura. Le Faulhorn gêne un peu.

Interlaken est depuis longtemps à la mode ; j'ai le souvenir de dames décolletées au dîner de l'hôtel des Alpes, 1850. Aujourd'hui que les communications sont plus rapides par les deux voies ferrées qui correspondent avec les bateaux des deux lacs, l'encombrement est complet en dépit de la multiplication des hôtels. Le mouvement incessant, jour et nuit, le croisement des voitures, la poussière, les concerts assourdissants, ont transformé ce séjour de délices, et, malavisé qui y cherche le repos. Une longue rangée d'hôtels toujours pleins s'aligne sur la Hoheweg d'où se voit la Jungfrau. Le grand hôtel de ce nom, plus isolé et perché sur un mamelon, offre un refuge au voyageur fatigué. Quoi qu'il en soit, c'est un point central excellent pour l'Oberland ; à peu de distance, le funiculaire qui monte à *Schynige platte* ; chemins de fer à voie étroite pour *Mürren* et *Grindelwald.* Je conseille à ceux qui ont du temps de préférer la voiture pour ces deux belles vallées de la Lutshine. En approchant de Lauterbrun, les calcaires marmoréens du Trias se dressent en forme de tours fantastiques. Puis viennent les cascades du *Staubach* , mince filet tombant de 300 mètres ; du *Trummelbach* sortant d'une fissure profonde ; pour atteindre le *Schmadribach*, large chute de 200 pieds, il faut quitter la voiture ; montée dure au chalet Steinberg, 1,800 mètres ; là se développe le glacièr du Tschingel qui ferme la vallée.

De l'autre côté, la vallée de Grindelwald, disposé ponr l'hiver, les glaciers, etc. L'ascension du *Faulhorn*, 4 h., permet d'étudier les masses schisteuses désagrégées. La vue du sommet est un peu différente du Rothorn, en ce sens que la chaîne de l'Oberland se déroule de plus près ; du sud-ouest au nord-est Blumlisalp, Breithorn, Jungfrau, Monch, les deux Eiger,

2

Mettenberg, Finsterahorn, Schreckhorn, Wetterhorn, etc. Cette admirable ligne de pics glacés, plus belle encore en mai et en octobre, se présente sous des aspects divers dans les passages classiques de Wengernalp et des deux Scheidecks ; ne pas oublier le glacier de Rosenlauë d'un accès facile. L'œil s'habitue bientôt à discerner les formes des sommités principales qui servent de points de repère. Combiner des courses de deux ou trois jours.

S. *Beatenberg* est à 3 heures de voiture d'Interlaken ; il communique avec le lac de Thoune par un funiculaire. Station d'hiver ; le grand Curhauss a brûlé l'été passé.

De Thoune, visiter les bains de *Blumenstein*, 1 h. 30 de voiture, les bains d'*Heustrich*, 2 heures, dans la vallée de la Kander ; *Weissenburg* (Simmenthal), 3 heures, ruines du Vieux Château ; plus loin, la *Lenk*. Après avoir vu ces bains, il ne sera pas sans intérêt de remonter la vallée de la Kander jusqu'à Kandersteg, toujours sauvage, mais accessible en chars et mieux pourvu d'hôtels qu'autrefois. Cette route conduit au passage de la *Gemmi* ; se rappeler que la descente vers Louèche est interdite à mulet. Du lac de Thoune, vue grandiose sur les pics de l'Oberland.

Berne, la capitale, dominant l'Aar sur un plateau de de 5 à 600 mètres d'altitude. Ses arcades lui donnent un aspect moyen-âge un peu sombre ; comme souvenirs, les statues de B. de Zähringen, fondateur ; de Rodolphe d'Erlach, vainqueur à Laufen, 1335. A voir : cathédrale, orgues et cloche énorme ; tour de l'horloge et mécanisme ingénieux de sonnerie comme à Strasbourg ; musée historique, lacustre ; musée géologique. la célèbre fosse aux ours. Le type est allemand et massif ; les costumes du pays paraissent encore les jours fériés ; celui des Bernoises attire l'œil, élégant et original. Belles femmes comme à Tarascon, moins sveltes que ces dernières d'origine grecque.

La vue de la plate-forme sur les Alpes bernoises est déjà belle ; du Gurten, une heure de montée, elle s'étend sur l'Oberland et jusqu'au Jura. Aux environs, promenades en bateau sur l'Aar ; en voiture à Schönzli. Bains du *Gurnigel*, 4 heures.

De Berne à Lausanne, on peut faire le détour par Soleure pour monter au *Weissenstein* et par Neufchatel ou directement par Fribourg. Dans aucun cas. on ne laissera de côté Fribourg à cause de la cathédrale, des orgues et des ponts suspendus sur la Sarine, qui, vus du train, semblent perdus dans les airs ; le pont supérieur, à 100 mètres au-dessus de l'eau.

De Soleure à Neufchatel, vous longez le petit lac de Bienne où l'île boisée de Saint-Pierre vous rappelle Rousseau. C'est ici la limite des deux langues allemande et française.

Neufchatel n'a d'autre attrait que la situation sur le lac, près du Jura ; quelques tableaux modernes, des collections d'histoire naturelle, etc. Station de Chaumont (observatoire météorologique). Granson au sud du lac, et Morat, sur le petit lac, rappellent les désastres de Charles le Téméraire.

Lausanne, plus française par ses habitudes que par ses sympathies, n'a pas progressé en tant qu'hôtels ; il vaut mieux s'arrêter à Ouchy, hôtel Beaurivage, ou à Vevey, Grand Hôtel, dont les beaux ombrages se penchent sur les eaux du lac.

Il sera bon de traverser Lausanne pour voir ses trois collines séparées par de profonds ravins, ses terrasses, ses ponts, ses groupes de maisons par étages, etc. Panorama renommé du haut du *Signal :* en face les Alpes de Savoie ; à droite, le Jura ; à gauche, les Alpes suisses. — Cathédrale du xi⁰ siècle, vaisseau remarquable, bien placée.

Nous entrons dans la grande vallée du Rhône largement ouverte au lac Leman qui n'est qu'un renflement du fleuve ; puis profondément enfoncée entre les Alpes bernoises et pennines.

En premier lieu se présente ce que j'appellerai le groupe de *Montreux* où s'accumulent les villes d'hiver. De Montreux, 3 heures de voiture pour monter aux *Avants*, 600 mètres au-dessus. Le tramway électrique qui part du grand hôtel Vevey, parcourt toute cette partie de la côte et mène aux funiculaires de *Glion*, de *Caux* et *Naye*, hôtel Rigi Vaudois à Glion, et grand hôtel de Naye, L'hôtel Byron, sur la hauteur, fait songer au poète voyageur.

Chillon qui baigne dans le lac, dont les tours et créneaux se dessinent de loin, mérite qu'on visite ses souterrains plongeant sous le lac, ses cachots, sa belle salle des Chevaliers (lambris, cheminée du XIIIe siècle); les bois très bien conservés.

Arrêt à Aigle pour *Leysin* ; bonnes voitures en 3 heures sur une route pittoresque bien protégée par des parapets en maçonnerie. Le grand hôtel des Bains d'Aigle, à 2 kilomètres sur la hauteur, se voit en passant, — Hydrothérapie.

Le val des Ormonts dont on surplombe les massifs d'arbres, conduit à l'hôtel des Diablerets.

La vallée, jusqu'ici bien ouverte, se rétrécit vers Saint-Maurice, entre les roches calcaires néocomiennes. — Bains de *Lavey*, 2 kilomètres. — Plus loin se voient, du train, la cascade de Pissevache et la gorge du Trient que l'on illumine au besoin.

A Martigny, renflement de la vallée au confluent de la Dranse ; rendez-vous de nombreux touristes. De là se font deux courses importantes : Chamouny et le Saint-Bernard.

Deux routes vers *Chamouny* : la Tête-Noire encore plus fréquentée depuis la route de voitures et le col de Balme plus élevé (2,000 mètres), plus sauvage, à vues plus étendues. Ces deux beaux passages demandent 7 à 8 heures. Il est facile de se rendre à Genève par la grande route de Cluses qui correspond avec le chemin de fer. Si l'on est à court de temps, à Chamouny, on se contentera du Montanvert et d'un coup d'œil sur la Mer de Glace.

Maintenant il y a une route de voiture pour le Mont *Saint-Bernard*, 10 heures ; montée fatigante — A Saint-Pierre, petit hôtel, chambre de Napoléon, table où il écrivait. En haut, sol dénudé, charniers des huttes de pierre. — L'hospice, près de 2,500 mètres ; l'hospitalité est aujourd'hui un abus.

Au delà de Martigny se voit à droite *Saxon-les-Bains* ; arrêt à la station. La vallée change de direction allant vers nord-est, et bientôt de caractère ; ce sont de grandes montagnes à crêtes et aiguilles dénudées. Sion est sur un mamelon rocailleux ; du château de Tourbillon, vue rétrospective. Là s'ouvre le val d'Herens ; 6 heures de voiture pour *Evolena*. Les éboulis et les moraines atteignent de plus grandes proportions vers Sierre. Le Rhône éparpillé laisse des masses de sable et de cailloux. A *Finges*, ancienne limite de la Rhétie, commencent les villages allemands. Bouquets de bois sur les mamelons schisteux.

Louèche-station, existe depuis 1877 ; route ancienne pour *Louèche-les-Bains*, par la vallée de la *Dala*, en 3 heures. La première partie serpente sur des flancs arides où le soleil se fait vivement sentir ; ensuite la gorge boisée, profonde et sauvage que l'on domine en décrivant d'immenses courbes et en passant de la rive gauche à la rive droite par un pont très pittoresque, on voit les roches du Weisser Jura tranchant sur la verdure ; c'est un beau passage même après les grandes Alpes.

En remontant à Viège, chemin de fer à voie étroite, 2 h. 30 à *Zermatt*, 1,600 mètres. L'hôtel Riffel, 2,500 mètres, fait concurrence au Saint-Bernard. De là, grandes excursions vers le mont Rose et le mont Cervin. C'est la vogue et les touristes y affluent ; chambres rares. Brieg est le terminus de la ligne. Jusqu'à Domo d'Ossola, par le *Simplon*, 10 heures de poste. L'hospice à 2,000 mètres. La route de Napoléon, 8 mètres de large, est des meilleures. A observer : la vallée de la Saltine, celle de Ganter plus sauvage et, à la descente, les gorges du Gondo à parois granitiques abruptes; longues galeries et travaux d'art.

Redescendant la vallée du Rhône, il serait possible d'aller de Martigny à Chamouny, puis à Genève.

Genève est une des grandes villes du pays; elle a pour elle sa situation sur le lac, ses quais et, en particulier celui tout moderne du Mont-Blanc où s'alignent les hôtels ; son commerce, ses boutiques. Visiter la cathédrale (tombeaux du duc de Rohan et de A. d'Aubigné) ; le musée Rath, le musée d'histoire naturelle, de géologie, le plan en relief du Mont Blanc ; l'observatoire, l'île de Rousseau.

Aux environs, musée Ariana : Ferney en souvenir de Voltaire ; les établissements hydrothérapiques de *Divonne* et *Champel* sur Arve. — Le Salève, chemin de fer et tramways ; vue sur le Jura, le Mont Blanc et une partie de la Savoie.

Les vues de la Dôle et du col de la Faucille, par où l'on peut entrer en Suisse, donnent un avant-goût des beautés du pays.

Si le voyage se termine au lac Lèman, rentrée en France par Genève ; si c'est à Neufchatel, par Pontarlier.

N. B. — Notre itinéraire demande un mois à six semaines suivant les routes adoptées. Il ne faudrait pas trop multiplier les ascensions.

EAUX MINÉRALES

ET

CURES DE LA SUISSE

Les eaux minérales sont plus nombreuses en Suisse que dans aucune contrée de l'Europe, relativement à la superficie ; on en a compté plusieurs centaines et presque autant de non classées. Les ouvrages volumineux de Meyer Ahrens et de Gsell Fels plus récent, en donnent une description fidèle ; la *Suisse balnéaire* de notre confrère De la Harpe a l'avantage d'être plus concis et d'être écrit en langue française, tout en conservant le même caractère d'exactitude. Les brochures allemandes spéciales sont souvent trop détaillées ; en général, plus scientifiques que les brochures françaises Il faut du temps et du courage pour les lire et en extraire la substance ; nous avons entrepris cette tâche en nous aidant de notes personnelles.

La question de climat est, ici, tellement liée à celle des eaux que nous avons dû la tenir en grande considération ; elle a, d'ailleurs, sa valeur spéciale.

Les stations d'altitude ne sont pas le monopole de la Suisse ; toujours est-il que sa part relative est encore plus grande que pour les Eaux : séjours d'été qu'on ne peut plus compter, séjours d'hiver qui se multiplient un peu trop ; depuis l'abus des funiculaires les sommets se couvrent d'hôtels. Force sera donc de faire un choix et de sacrifier beaucoup, dans l'intérêt même des localités qui ont une valeur. Si l'hydrologie et la climatologie d'Europe étaient traitées dans les proportions signalées plus haut, elles comporteraient une énorme encyclopédie.

Nulle part ailleurs je n'ai vu un tel luxe de médications accessoires : cures de lait et de petit lait, de jus d'herbes, de raisins, hydrothérapie, massage, gymnastique, ascensions méthodiques, électricité. Néanmoins nous nous plaisons à reconnaître la célébrité justifiée de certaines eaux, telles que Baden, Ragaz, Louèche ; de stations d'été, telles que Saint-Moritz, Maloja ; de stations d'hiver, Davos, Leysin ; de cures lactées, au plateau d'Appenzell ; de cures de raisin, à Vevey, etc.

L'installation est bonne, même dans les endroits modestes, parfois d'un luxe extraordinaire.

La Suisse, pays de montagnes par excellence, avec ses sommets glacés les plus élevés de l'Europe, ses grands cours d'eau, ses lacs étendus, ses vallées profondes, était prédestinée aux cures hygiéniques ; elle n'attendait que l'ère des voies ferrées.

En raison même de sa configuration, elle est loin de présenter un climat uniforme. On dit climat de montagne ; cela est vrai en général ; il faut dire climat de plaine pour la partie comprise entre le Jura et les Alpes-bernoises. Dans le Tessin, au sud des Alpes, c'est presque le ciel d'Italie. La vallée du Rhône, dans la portion qui va de l'ouest à l'est, a parfois des étés d'une chaleur incroyable. Au centre même de la partie montagneuse, sur le bord des lacs, à Lucerne, à Interlaken, il m'est arrivé de voir le thermomètre au-dessus de 30°.

Le *fœhn*, siroco des Alpes, qui remonte le versant méridional en y laissant son humidité et qui redescend sec et chaud sur les pentes nord rend la chaleur mauvaise et presque intolérable; j'ai noté 33°, fin mai, sur la plate-forme de Berne. Ce vent se fait sentir surtout dans les vallées sud-nord; sa violence est connue. Dans la région montagneuse les courants ascendants et descendants donnent lieu à des vents locaux qui modifient la température. De là le froid noir des hautes vallées plus intense que celui des sommets.

L'humidité est la règle et les hauteurs de pluie peuvent dépasser 2 mètres, c'est le double des côtes ouest de l'Europe. Il y a cependant des régions assez sèches comme la vallée du Rhône et certaines altitudes, Davos par exemple, qui ont des hivers secs et clairs; de même dans la haute Engadine. Alors, si les villes d'hiver ne sont pas encaissées, l'insolation vive des hauteurs vient en aide aux malades. L'humidité froide est, en effet, leur grand ennemi.

Le sol est aussi varié que le climat : forêts épaisses, rochers dénudés, grandes nappes d'eau, vallées caillouteuses et arides, prairies luxuriantes, grandes plaines, amas de pics abrupts; vallées largement ouvertes, gorges étroites et sombres; en un mot, tous les contrastes.

Le géologue y trouvera les roches cristallines, de belles masses de micaschiste aux reflets argentins; des calcaires jurassiques et triasiques se dressant en murailles ; des roches plus spéciales, *flysch* et *nagel-fluhe* (poudingue miocène) dont les soulèvements constituent de hautes montagnes : contrée par excellence pour étudier les phénomènes glaciaires et les moraines anciennes ou actuelles ; les plissements jurassiques et les contournements bizarres des Alpes.

Ces bouleversements, qu'ils soient dus à des soulèvements ou à des plissements, n'étant pas plus anciens que l'âge tertiaire, donnent à penser sur l'origine des sources thermales.

Nous aurions pu, à l'exemple d'autres, grouper les eaux thermo-minérales selon leurs caractères chimiques ; ensuite les lieux d'altitude pour l'été et l'hiver, etc. Ici, moins encore qu'ailleurs, cette méthode nous a paru applicable. Les villes d'eaux sont en même temps des séjours d'été et d'hiver ; on y fait toutes les cures à la fois. D'autre part, la constitution des eaux ne permet pas un classement précis. Nous avons préféré, faute de mieux, le groupement géographique, sauf quelques généralités à la fin de ce travail.

PARTIE DESCRIPTIVE

Rheinfelden. — Eau salée forte.
De Bâle. Chemin de fer, 30'.
Saison : 1ᵉʳ mai à 1ᵉʳ octobre. Bonne installation. Plusieurs milliers de visiteurs.
Situation sur la rive gauche du Rhin, entre le Jura et la Forêt Noire. Climat de plaine : lat. entre 47 et 48 ; alt. 265. Été chaud, 17 à 18°. — Sol :

alluvions; muschelkalk avec marnes, sel gemme, gypse.

La source, à 2 kil., vient d'un forage de 125 mèt., 1844; une pompe envoie l'Eau aux salines. Elle est abondante; temp., 10° — D. à 15°, 1205 — minér. 318 dont Cl. sodium, 312; Sulf. calcique, 6. L'Eau mère n'est pas très différente.

La boisson est l'accessoire Les bains se donnent dans les hôtels (Ancien Struve, Zum Schützen) bien aménagés. L'Eau salée dite *soole* s'ajoute à l'Eau du fleuve, de 1 à 5 %. La durée est de 15 à 30′, temp. moyenne. De plus, douches, inhalations, hydrothérapie et les cures accessoires de lait, petit-lait, jus d'herbes, raisins, etc.

On a signalé comme symptômes l'appétit, la diurèse, l'excitation cutanée et génitale, l'influence sur les menstrues, le goût salé dans la bouche comme au bord de la mer. Plusieurs auteurs se sont livrés à des recherches sur l'action intime de l'agent minéral : Clemens avait trouvé qu'au bout de 30′, il n'y avait plus d'absorption du sel; d'où la limite de la durée du bain ; Wieland, 1863, a fait, avant et après le bain, des titrages du chlorure de l'eau des baignoires, ce qui n'est nullement probant; Muller a trouvé les chlorures majorés de 10 % dans l'urine; enfin Keller (*Annales*, t. XXXVII) nous dit que le bain à 3 % augmente les chlorures dans une proportion plus forte et diminue l'excrétion des phosphates et des produits azotés; observations à l'hôpital.

Indications. — Des Eaux chlorurées fortes : scrofules, engorgements, tumeurs blanches. Anémie et débilités. Rhumatismes chroniques et ma-

ladies de peau sur un fond lymphatique. Engorgements abdominaux d'origines diverses. Métrites
chroniques et fibromes. Quelques catarrhes des voies
digestives et aériennes. Exsudats divers. Lésions
chirurgicales.

Rheinfelden est dans une situation centrale et
sur une route très fréquentée ; sa minéralisation
dépasse celle de Salies et, en général, celle des Eaux
du Tyrol. J'en ai trouvé vers Berchtesgaden qui
dépassaient les 318 gr., par conséquent voisines de
la saturation. On sait à quel degré s'élève l'eau
salée due à la lixiviation naturelle ou artificielle
des sels gemmes et des argiles salifères.

Chacun a prôné sa source comme la plus salée,
mesurant l'énergie aux doses massives. Quelle
fausse théorie, puisqu'il faut couper ces eaux trop
fortes !

Vers le confluent des trois grandes rivières qui
vont au Rhin, l'Aar, la Reuss et la Limmat, nous
trouvons un groupe important : Schinznach, Baden, Birmenstorf et Wildegg.

Schinznach — Eau thermale, sulfhydriquée
forte, séléniteuse.

Station de la ligne Aarau-Zurich. Saison : 15 mai
au 1ᵉʳ octobre. Installation bien comprise. Environ
2,000 visiteurs ; Français assez nombreux.

Situation sur la rive droite de l'Aar. Climat de
plaine tempéré par l'Aar : lat. entre 47 et 48° ;
alt. 350 ; temp. été 17 ; végétation, vignes. Sol :
calcaire jurassique redressé ; faille entre le lias et le
trias d'où sort la source, gypse.

La source offre ce phénomène qu'elle a passé de
rive gauche à rive droite ; elle est voisine de l'Aar, à

quelques mètres au-dessus, influencée par les crues ; son fond est au-dessous du niveau du fleuve. Captée dans une cuve en madriers. Temp. varie de 28 à 35° ; (32 par moi, fin août) ; débit près de 300 m. c., exagéré dans certaines brochures ; odeur forte autour et dans les galeries ; dépôts de soufre et de gypse.

Analyses de Grandeau (*Annales* 1865 à 66) : SH. 38 c.c. ou 0,056 ; CO^2 90 c. c. ; la sulfuration varie de même que la température. Minér., 2 gr., dont sulf. calcique, 1 ; chlorures, 0,65 ; carb. terreux 0,3 à 0,4. Anciennes analyses de Löwig, Bolley.

L'eau, prise à la buvette voisine de la source, a un goût sulfureux prononcé ; dose, 2 à 4 verres. Les vieux bains existent toujours ; les nouveaux bains plus soignés sont dans le grand hôtel d'où les malades vont par des galeries couvertes. Une soixantaine de cabinets d'un cube de 25 à 30 m. : piscines de famille. Les bains chauffés à la vapeur ; on ne les donne plus longs comme autrefois. Nouvelles salles d'inhalation et pulvérisation grandement établies (appareils Mathieu), hydrothérapie, etc.

Hemman a fait des expériences sur l'action physiologique ; la boisson augmente les sels et diminue l'azote ; le bain fait le contraire. La poussée plus rare à cause du changement de méthode.

Indications. — En tête, les maladies de peau, suivant la tradition, depuis l'eczéma jusqu'au favus. Les dartres sèches demandent une cure longue ; le psoriasis blanchit. Syphilis avec l'aide de l'eau de Wildegg ; cachexies mercurielles. Maladies des muqueuses aériennes même tuberculeuses. Scrofules, ophtalmies et formes graves, lésions osseuses plus spécialement à l'hôpital. Viennent les indications de second ordre que nous passerons sous silence.

Schinznach a pour lui son accès facile, son bel établissement qui permet un bon régime ; son Eau, thermale quoique sulfurée calcique ; sa forte sulfuration. C'est une Eau connue et appréciée depuis longtemps en France.

Baden. — Eau thermale, saline, sulfureuse légère.

Station de la ligne Aarau-Zurich.

Saison : juin au 1er octobre. Grandes ressources balnéaires. —12 à 15,000 baigneurs. Tout récemment grand hôtel des bains, casino. Situation sur la rive gauche de la Limmat à cours rapide. Débris celtiques, romains ; au moyen âge, Bain des Trois Rois, des ducs d'Autriche.

Climat chaud : lat. entre 47 et 48° ; alt. près de 400 m., moyen. été, 17 ; souvent maxima de 30° ; hivers moins froids par la disposition de la vallée en cuvette.

Le sol a été étudié par le professeur Mousson : Des hauteurs et surtout de Baldegg, j'ai bien vu la disposition de la cuvette, l'entrée et la sortie de la Limmat, son inflexion ; sur les deux rives se dressent les deux masses correspondantes de calcaire jurassique, corallien blanc à la partie haute, en dessous rougeâtre, par assises épaisses, avec fortes inclinaisons, redressements, fissures profondes vers Hartenstein. Au fond, conglomérats, marnes, gypse suite du dépôt de Birmenstorf. Calcaire liasique où est la fissure thermale.

Sources nombreuses sur les deux rives et dans le

lit même, près du point de courbe ; temp. 45 à 50°. D. 1003-1004 au densimètre; débit 720 lit. par minute, soit 1000 m. cubes. L'eau a une odeur faible, un goût salé faible ; elle dégage de grosses bulles d'azote, dépose du soufre, du calcaire et de la glairine. Cette glairine verdâtre des cabinets de bain, étendue et séchée sur du papier, m'a donné un réseau filamenteux imprégné de concrétions. On trouve dans les dépôts calcareo-gypseux : phosphates, lithine, strontiane, fluor, etc. Minér. 4 dont SO^3CaO I,4 ; $ClNa$ 1,7 ; SO^3NaO MgO 0,6 ; SH 1 à 2 c. c.

Boisson aux nombreuses buvettes : 3 à 6 verres; laxative, diurétique.

Bains au grand hôtel et à tous les anciens hôtels : Limmathof, Stadthof, Verenahof, Freihof, Ochsen, Schwan, etc. Sur l'autre rive, Ennetbaden, dits petits bains. Les bains sont dans les sous-sols et l'on y descend des chambres ; les corridors sont naturellement chauffés par les eaux sous les dalles ; la température des cabinets monte à 25°, ce qui est pénible. L'eau coule et se refroidit la nuit. Le bain des pauvres reçoit 500 personnes par saison. Dans les cabinets de vapeur, le thermomètre monte à 40°. Les douches, pression modérée.

Autrefois on donnait les bains longs, 5 heures en deux séances, et la poussée s'observait. J'ai vu, il y a plus de vingt ans, Minnich père en user encore. Aujourd'hui on y a renoncé. Ces bains thermaux produisent, outre les effets communs, le réveil des douleurs, des crises, souvent la saturation.

Pour ma part, j'ai suivi un traitement de 15 jours : boisson, 3 verres ; bains de 30' à 33° ; selles plus faciles, quelques phénomènes de saturation ; première apparition d'hémorrhoïdes.

Le régime est allemand comme la clientèle, la vie simple et moins chère qu'ailleurs.

Indications. — En premier lieu, rhumatisme et goutte ; résolution des produits. Le rhumatisme noueux demande des bains plus longs et une cure plus complète. Maladies de la peau et syphilis. Dyspepsie et catarrhe intestinal, hémorrhoïdes, pléthose abdominale ; catarrhes des voies aériennes. Névralgies et paralysies, quelques tabes, maladies utérines. Les scrofules avec le concours de Wildegg. Lésions traumatiques.

Baden se distingue par l'accès facile, le nombre et l'abondance de ses sources chaudes, la disposition des hôtels pour les bains, les conditions spéciales où s'y trouvent les rhumatisants.

Wildegg. — Eau bromo-iodurée.

Près Schinznach, point d'établissement.

L'eau provient d'un forage de 125 mètres. T. 12° ; D. 1012 ; chlorures 12 ; iodures et bromures 0,04. Débit faible ; goût désagréable. Exportation.

Shœnlein la préconisa contre la syphilis. Robert, de Strasbourg, l'avait fait connaître chez nous.

Birmenstorf. — Eau purgative, sels amers.

Environs de Baden. Point d'établissement. Exportation : 200,000 bouteilles.

Sol : colline Pétersberg, jurassique ; Muschelkalk, gypse, cristaux de sels amers.

On voit les puits recouverts de chaume, creusés jusqu'à 100 mètres ; galeries et bassins d'eau minérale ; c'est en exploitant le gypse qu'on a trouvé les sels amers. L'alimentation se fait par l'eau du ciel

ou en inondant. Des paniers descendus par des ma-
nivelles ramènent l'eau d'en bas, puis elle dépose
dans de grandes jarres. D. 1020 à 15°, minér. 25 à
30 gr. des deux sulfates ; il y a des variations, Ros-
sel 1892 a trouvé plus de magnésie que Bolley.

Bonne eau purgative, moins chargée que celles de
Hongrie.

Müllingen, village voisin, a aussi ses eaux purgatives.

En allant de Zurich à Ragaz, s'arrêter à Glaris
où l'embranchement de Lindthal conduit à

Stachelberg. — Eau sulfurée sodique et sulfhydriquée.

Près de la station de Lindthal.

Situation au pied du Silberen dans une vallée
industrielle, très verte ; vue des glaciers ; direction S.-N.

Climat sans caractère : lat. 47 ; alt. 660 ; moyenne
d'été, 14 à 15° ; humidité 90 le matin et le soir ;
föhn quelquefois.

Source dans la gorge du Braumbach, d'un accès
difficile ; sort des calcaires noirs feuilletés. T. 8°. Débit faible, j'ai trouvé en août 1 l. par minute ; minéral, 0,60 ; sulfure de sodium, 0,05. Cependant il y
a un hôtel, des bains et une vingtaine de cabinets.

Indications : celles des sulfureuses.

Brochures volumineuses ; l'article de Dupont,
du monde thermal, exagère.

Ragaz. — Eau thermale simple.

De Zurich, train express, 2 h. 30. — Pfeffers, 4
à 5 kil. plus haut. — Saison : 1er juin — 1er octobre, plus courte à Pfeffers ; 5 à 6,000 baigneurs ; les
Français y vont.

Situation agréable dans la vallée du Rhin, bien ouverte. Du haut de la ruine de Wartenstein (funiculaire, 10′), on prend une idée du pays et l'on voit au nord, à Sargans, le confluent des trois vallées ; au sud débouche celle de Tamina ; près de la ruine est un hôtel-chalet où peuvent loger ceux qui cherchent le frais ; au nord-est, le Falkniss.

Ragaz n'est inauguré que depuis 1840 ; les progrès ont été rapides ; les grands hôtels des bains Hof Ragaz et Quellenhof laissent peu à désirer ; casino, parc, galeries couvertes, rien n'y manque. Pfeffers a toujours son vieux bâtiment sévère. L'histoire de son passé, très intéressante, se trouve dans le livre de Kaiser, 1869.

Climat tempéré : lat. 47 ; alt. 520, Pfeffers 685 — T. moyenne entre 9 et 10° ; j'ai trouvé 8° à la source d'eau douce de Wartenstein à mi-côte. Eté 16° — humidité 78, deux tiers des jours pluvieux, moins que dans le Tyrol. La vallée, très ensoleillée, est rafraîchie par le courant du Rhin et par les vents des nombreuses vallées latérales. Le föhn, au contraire, est pénible ; deux fois je l'ai vu élever le thermomètre à 33°. D'autre part, j'ai à noter un refroidissement de 12 à 15°, le 27 août, chûte de neige, etc. Ce sont là des accidents ; les noyers, le maïs, la vigne, les arbres fruitiers témoignent de la douceur du climat.

A Pfeffers, c'est autre chose ; outre la différence d'altitude, 165, qui comporte un degré de moins, il y a la gorge resserrée qui ne laisse passer le soleil que de 10 à 4 heures en été.

Le sol nous intéresse dans la vallée de la Tamina : les rochers y sont abrupts, plissés et contournés ; les inclinaisons des strates, étudiées par Théobald, conduisent à l'idée de la réunion des eaux météoriques dans un fond de cuvette. Le flysch domine, roche d'un fond gris noir, parsemée de veines blanches quartzeuses et calcaires, d'un aspect marmoréen dans le lit du torrent. Le calcaire nummulitique apparait à la grotte.

Sources de la grotte ancienne et nouvelle (il y en a d'autres) : au griffon j'ai trouvé, en trois années différentes 37,5° ; à Pfeffers c'est 36-37, à Ragaz 35,5, 35 et 34,5 ; ne pas oublier que l'eau thermale descend par des conduits de bois, ce qui explique les variations. Débit variable de 2 à 8000 mètres cubes par jour ; c'est un des plus considérables que l'on ait signalés.

L'origine météorique est rendue plus probable par la constitution de l'eau qui ne contient que 0,30 de sels divers.

Il y a des buvettes, peu de buveurs ; le bain est le principal. Le bâtiment de Pfeffers a une trentaine de cabinets et des piscines ; à Hof Ragaz 25, à Dorfbad 20. Les bains octogones de Quellenhof se distinguent par le luxe et la dimension des baignoires-piscines. Là aussi, grande piscine de natation. L'énorme débit de la source, variable avec les saisons, permet partout les bains à eau courante.

Toujours les cures accessoires, lait, petit-lait, raisins, j'insiste sur la qualité des raisins (bon vin de Sargans). Le Dr Bally a bien voulu me montrer ses appareils récemment dressés pour la gymnastique suédoise, les bains électriques, etc.

Les effets des bains sont peu prononcés depuis qu'on a renoncé aux bains prolongés (ancienne mé-

thode, 10 à 12 heures, poussée *Ausschlag*). La séda-
tion est le caractère actuel ; il peut y avoir quelque
excitation à Pfeffers.

Indications. — Simples comme l'eau elle-même :
débilité générale, due à l'âge (Pfeffers a été appelé
bain des vieillards) ; état nerveux, éréthisme, in-
somnie ; maladies nerveuses, hystérie, névralgies ;
névroses rhumatismales, utérines, douleurs abdominales ; paralysies même chez les ataxiques, j'en ai
envoyé qui ont été soulagés ; contractures, raideurs
musculaires, etc. Il est question d'affections cardiaques peu avancées. Vogt me paraît dans l'erreur
pour les maladies de poitrine.

Bref, Ragaz est une ville d'eaux facilement abordable, dans une plaine fertile, au milieu de hautes
montagnes, centre de nombreuses excursions ; ville
de ressources pour l'étranger. Eau thermale au degré voulu pour le bain ; climat de montagne tempéré.

De Ragaz nous allons nous transporter au plateau
d'Appenzell, puis à Coire, autre centre permettant
de visiter plusieurs points intéressants.

Appenzell. — Cure de lait et petit-lait.

Embranchement du chemin de fer de Saint-Gall.
Stations diverses sur le plateau à une hauteur de 8
à 900 mètres ; au milieu des prés et des bois ; rochers
calcaires, masses de Nagelfluhe. Air vif et climat
tempéré.

Heiden (nouveaux progrès depuis le chemin à
crémaillère) est l'endroit le plus à la mode et le
mieux installé. Vue magnifique sur le lac de Constance et sur un coin d'Allemagne.

Weissbad, 3 à 4 kil. d'Appenzell, est le plus

abrité, en même temps le plus humide; torrent Weissbach.

Gonten se perd dans la verdure.

Gaïs (embranchement à voie étroite), date de 1749, assez exposé au vent ; prairies.

Quelques autres lieux de moindre importance.

Les bergers d'Appenzell et leurs chèvres ont une telle réputation qu'ils émigrent de tous côtés. Helft se demandait comment le canton pouvait fournir tant de chèvres et tant de lait. Les prairies des versants calcaires sont émaillées de labiées et de synanthérées. Le petit-lait, *shotten*, se prépare en général par la présure ; on le porte tout chaud dans des vases de bois ; il se boit le matin, à la dose de 5 ou 6 verres (120 à 150 gr.) ; il est laxatif, diurétique, tempérant. A Heiden, hôtel Freihof, je me suis assis à une table spéciale où l'on suivait un régime.

Indications. — Etat bilieux, irritations des muqueuses intestinales et rénales ; moins qu'autrefois dans les maladies de poitrine.

Les bains de petit-lait tombent en désuétude vu leur prix élevé. Niepce en avait créé à Allevard et obtenu de bons effets.

La cure de petit-lait se fait presque partout en Suisse ; c'est au plateau d'Appenzell qu'il faut l'étudier spécialement. Pour plus amples détails, voir notre brochure (*Annales*, 1874).

Paschug. — Eau alcaline mixte forte, gazeuse.

De Coire, 1 heure de voiture.

Dans la vallée sauvage de la Rabiosa, au milieu de rochers abrupts et de forêts, il y a aujourd'hui un établissement.

Climat humide ; alt., 800.

Sources : temp., 6 à 8°; le débit m'a paru faible. Analyse par Planta, R. — Minér. 8 à 9 ; CO_2 libre 1 volume ; bicarb. alcalins 5,45 ; terreux 1,87 ; Cl. alcalin 0,92 ; bicarb. ferreux 0,03. C'est une constitution remarquable. Agréable à boire.

Indications des Eaux alcalines.

Fideris. — Eau alcalino-terreuse faible, gazeuse. Sur le chemin de fer de Davos.

Dans une gorge boisée ; bonne installation.

Climat frais ; alt., 1050.

Sol, *grünerschiefer* des Grisons.

Source : temp., 7 à 8°; CO_2 3/4 de volume ; minér. 1,65 ; bicarb. alcalins 0,75 ; terreux 1,13. Eau agréable à boire ; chauffage à la vapeur.

Indications des Eaux alcalines faibles.

Bain fréquenté ; on peut loger 300 personnes à la fois.

Ce sont deux Eaux alcalines froides, la première plus forte et notablement chlorurée.

Davos. — Station d'été et d'hiver.

De Landquart, chemin de fer depuis 1890, en 3 h. 15. Saison d'hiver, 6 mois.

Création de Spengler en 1860 ; j'ai eu le plaisir de le retrouver l'été dernier, très vert et ferme dans ses convictions. En 1862, publications de Meyer Ahrens, l'auteur du grand ouvrage sur les *Eaux et cures de Suisse*. En 1865, guérison du Dr Saxon Unger qui avait échoué à Göbersdorf. Il vint alors quelques visiteurs ; en 1880 un millier ; aujourd'hui plus de 2,000 dont plusieurs Français, 10 à 12 médecins, 2 pharmaciens ; une douzaine d'hôtels, des chalets, pensions ; des boutiques, des approvisionnements assurés, une bonne eau potable.

Le village agrandi et transformé est sur le flanc ouest, *Davos Platz*; plus loin l'autre village *Davos Dœrfli*.

La vallée S.S.O.-N.N.E., de 3 lieues de long sur 1 kil. 1/2 de large, se rétrécit vers le sud. Elle est bien ouverte, tapissée de prairies, sans arbres, les sapins sont plus haut; les promenades un peu éloignées; les montagnes, élevées d'environ 1000 mèt. au-dessus, présentent des sommets dénudés, des pentes peu raides; la vue fait défaut.

Climat : lat. 47; alt. 1560, P. 632; temp. moy., 3; hiver, — 3; été, 11; moy. des minima de janvier, — 8; extrême, — 30. Dans le milieu du jour (journée médicale) le thermomètre monte en plein hiver jusqu'à 10 et 12°; hygrom. 80; pluie, environ 1 mèt. Peu de vent, föhn rare. L'hiver plus sec, assez beau; insolation 5 à 6 h.; soleil vif. La neige est permanente; elle nécessite les chasse-neiges, les traîneaux. Les saisons où elle tombe et celles où elle fond deviennent désagréables. Il est rare que le chemin de fer soit arrêté. Les routes ne sont pas sans poussière et le ruisseau Landwasser pourrait être mieux tenu. Du côté nord-est la chaîne du Rheticon ne forme qu'un lointain abri. Le petit lac me paraît sans influence sur le climat.

Nous avons dit que la vallée est nue; point d'arbres fruitiers, quelques champs de seigle et d'orge sur les pentes ensoleillées; les sapins et les mélèzes vont à 1900 mèt.

Les hôtels sont très bien disposés pour l'hiver; prenons pour type le *Curhauss*, construction imposante développant sa façade S.-E. sur une centaine de mètres : salons à l'orientale, grand salon de danse et de théâtre, salle à manger originale de 200 couverts ; chambres hautes, vastes, revêtues de boiseries vernies ; appartements de famille ; galeries vitrées et balcons, etc. Le tout est chauffé par des poêles à vapeur qu'alimentent les chaudières du sous-sol. Les impostes renouvellent l'air sans qu'on s'en aperçoive ; j'ai pu constater ce fait et la constance de la température intérieure, étant arrivé au milieu d'août par une bourrasque de neige qui blanchissait la montagne et donnait un échantillon d'un jour d'hiver.

Le Curhauss a des terrasses bitumées, un jardin pour promenade, des bains ; des villas annexes (Germania, Britannia, etc.) disposées de même ; il peut loger 300 personnes.

L'hôtel Belvédère, sur une hauteur vers Dörfli, pouvant recevoir 200 personnes ; fréquenté par les Anglais, offre les mêmes dispositions, et ainsi des autres. Il y a un *sanatorium* spécial dans la partie haute ; exposition sud.

En face du Curhauss est la grande galerie vitrée, ouverte vers la rue ; elle dessine une courbe d'une centaine de mètres de long sur 6 de large ; c'est à la fois un promenoir et un lieu de repos garni de fauteuils. Il y a aussi une galerie pour boire le lait.

Le traitement comporte un bon régime et un exercice approprié, quelques douches et lotions froides, frictions. Le point capital est la station à l'air ; les malades passent les beaux jours dans la galerie sur des chaises longues, bien enveloppés de couvertures. Souvent ils peuvent, en temps calme, dormir les fenêtres ouvertes, ce qui étonne au premier abord. En somme, ils s'acclimatent, mangent et dorment mieux, engraissent ; enfin reviennent volontiers.

Indications. — Phtisie imminente ou reconnue, pas trop avancée, pas trop éréthique ; pneumonie chronique. Catarrhes bronchiques, asthme. Les hémoptysies ne sont pas fréquentes, comme on le supposait théoriquement. Lymphatisme. Anémie, débilité. États nerveux. Fièvres chroniques, etc.

Ne pas arriver trop tard dans la saison. Splengler fait séjourner d'avance un peu plus bas.

Davos mérite d'être pris pour type des stations d'altitude spéciales à la cure des phtisiques ; ceci par la date de sa création, par sa belle installation, son service médical, sa nombreuse clinique, etc.

Arosa. — Station d'été et d'hiver.

De Coire, 6 heures de voiture.

Elle est donc moins abordable que Davos.

Vallée supérieure de la Plessur dans un fond, au milieu de hautes montagnes. Son installation encore incomplète.

Climat froid : alt. 17 à 1900. Cependant le froid n'est pas en raison de la hauteur. L'insolation suffisante.

Cet établissement nouveau respire la tristesse et n'offre encore ni le confort, ni les ressources, ni l'expérience clinique de Davos.

Tarasp. — Eaux alcalines salines fortes.

Sur la grande route d'Autriche en Italie.

Saison : juin au 15 septembre. Bain très fréquenté par les Allemands.

Cette station est connue depuis plusieurs siècles ; elle fut mise en vogue par Shönlein ; elle occupe une place importante dans les ouvrages allemands, peu dans les nôtres.

Le Curhauss, unique hôtel, où s'arrête la poste, date de 1864 ; vaste construction se développant sur 260 mèt. de façade, logeant 300 personnes. Situation sur la rive gauche de l'Inn dans une gorge profonde, sans aucune vue, ce qui produit une impression pénible à l'arrivée ; cependant les déjeuners en plein air, dans le jardin qui donne sur la rivière, ne manquent pas d'animation. Toute la vie du baigneur se concentre dans ces profondeurs ombragées. Plus loin, une petite maison d'isolement pour les maladies infectieuses.

Vulpera et *Schuls*, les deux annexes, occupent les deux hauteurs opposées : la montée à Vulpera, d'une centaine de mètres, par un joli chemin de bois ; plateau découvert, vue de montagnes, hôtels et chalets ; de là, un chemin va au village de Tarasp dont le vieux château embellit le paysage.

Schuls est en face, sur la grande route de poste à 50 ou 60 mèt. plus haut, jouissant d'une belle vue de montagnes sur le fond de la vallée ; plus important que Vulpera, hôtels nombreux ; le plateau assez nu.

Climat trop vanté : lat. 47, alt. 1200 ; moyenne d'été 14 ; hygrom. 70 ; abri contre les vents. Il n'en est pas de même des deux villes annexes qui sont sur les hauteurs. J'ai trouvé, à la fontaine de Vulpera, Eau potable renommée, 6°5 : ce qui doit se rapprocher de la moyenne du lieu.

Le sol est schisteux sur les deux flancs ; à la montée de Vulpera les schistes sont très désagrégés et produisent ces argiles favorables à la végétation.

Veines de quartz et de spath calcaire ; pyrites, gypse, efflorescences de $SO_3 MgO$. C'est le *graubundener-schiefer*. Il y a aussi des roches de serpentine, de diorite ; des moffettes à Schuls. Le calcaire argileux noirâtre du lias est enclavé dans le gneiss.

Sources nombreuses : les principales sur la rive droite où l'on arrive par un pont de bois couvert. Une galerie de 100 mètres de long vitrée et boisée, pleine de boutiques, conduit à une rotonde termi-nale où les deux fontaines *Lucius* et *Emerita* bouil-lonnent dans leurs vasques. J'ai vérifié la T. 6°5 ; le débit me semble indiqué partout trop faible. La source *Carola* pour bains est près du pont ; plus loin *Bonifacius*, ferrugineuse. Sur la rive gauche, source nouvelle pour bains. A Schuls la *Wyquelle* ; d'autres moins importantes.

Ces veines aqueuses ont un faible débit, la nou-velle source des bains ne fournirait, elle-même, que 30 mètres cubes. Nous ne parlerons que de l'analyse de Lucius prise comme type : CO_2 dépasse un vo-lume ; minér. près de 15 gr. ; bicarb. soude 4,87 ; bicarb. terreux 3,4 ; cl. sodium 3.67 ; sulf. soude 3,65 ; de potasse 0,38. Grande analogie avec Ma-rienbad ; aucune raison de dire un Carlsbad refroidi.

L'eau paraît glacée quand on la boit le matin à jeun ; bassins pour réchauffer et pour chasser le gaz qui donne des vertiges. Le goût alcalino-salin est si prononcé qu'on ne peut pas en boire beaucoup, ra-rement dans la journée.

Les bains se donnent au Curhauss : 28 cabinets pour 1re et 2e classe d'environ 25 mètres cubes, revê-tus de boiseries ; baignoires en bois et métal ; chauf-fage par un serpentin de cuivre sans trous, qui est plongé au fond de la vasque ; trois tuyaux pour bains salés, ferreux et eau douce ; vasistas pour ventilation. Bains frais et courts. A Schuls, ce sont des bains d'eau gazeuse. Du reste on descend de Schuls et de Vulpera pour se baigner au Curhauss.

Le remplissage des bouteilles se fait en renversant le goulot dans l'eau. Fabrication de sels et pastilles.

Le régime est suivi à une table spéciale ; il est nécessaire avec cet agent énergique.

Propriétés laxatives, diurétiques, altérantes ; le docteur actuel Leva a fait des essais sur lui-même.

Indications. — En premier, maladies abdominales, dyspepsies, catarrhes, pléthore abdominale, hémorrhoïdes, constipation ; maladies du foie, des voies urinaires, des femmes ; goutte, obésité, diabète (diabétiques en plus grand nombre). En second lieu, scrofules, anémie, débilité. L'état congestif est une contre-indication. Pour plus amples détails voir Kilias, 1876, traduction, Pernish 1886.

On apporte au Curhauss les eaux dites arsénicales du val *Sinestra* en aval de Schuls, (village de Remus), arsén. soude 0,002, Huseman.

Tarasp n'attire l'attention ni par son site, ni par son climat. Il est fâcheux qu'une eau aussi richement minéralisée ne soit ni chaude ni abondante. L'accès en est facile pour les Allemands, moins pour les Français. Elle se rapproche du type des eaux de Bohême qu'elle surpasse en éléments solides.

Saint-Morritz. — Eau ferrée-gazeuse. Séjour d'été et d'hiver.

Arrivée par des routes de voiture longues : de Landeck 15 à 16 heures par Tarasp ; de Chiavenna

8 heures; de Coire, par le Julier ou l'Albula, 12 heures.

Saison : 15 juin–15 septembre. Encombrement en août. Les hôtels nombreux et maisons peuvent loger 4000 personnes; il en passe le double; bon nombre de Français depuis les publications de Jaccoud. Une des villes d'eaux les plus somptueusement installées en Suisse. Plusieurs visites m'ont permis d'en suivre les progrès étonnants. Pontrésina, la Maloja, Samaden, Sils Maria, Campfer, etc., en sont les satellites, en sorte que ce coin de terre, encore silencieux il y a quelques vingtaines d'années, offre un mouvement prodigieux dans la saison.

Climat : lat. entre 46 et 47°; alt. 1770; le village 1860; P. 615, indiquée à la pyramide de la grande place, T. été 10 à 11°, maximum 25, minimum vers 0; hygrom. 72; je l'ai trouvé souvent à 50 en août. Peu de pluie, le sol sèche vite; ciel généralement clair, vents nord-est et sud-ouest, suivant la direction de la vallée; ce dernier est parfois violent et il ne faut pas trop s'extasier sur le calme de l'air. Les variations sont assez brusques, j'ai vu en août des bourrasques de neige et un peu de glace; cela ne dure pas. L'hiver est dur, moyenne des minima — 18.

La vallée de l'Inn qui s'évase au niveau du lac compris entre deux barrages, est largement ouverte à l'insolation, d'où la chaleur vive de certaines journées, tandis qu'il y a de la fraîcheur soir et matin. En montant au Johannisberg, 200 mètres plus haut, les sapins se font rares, puis cessent; les prés de montagne sont semés de myrtiles, de marguerites, de renoncules, de liserons bleus.

Sol-granite, gneiss derrière les sources, quelques fragments de diorite et les masses de micaschistes de la Maloja reluisant au soleil.

Sources. — Les anciennes sont dans l'annexe du Curhauss : *Paracelse* pour la boisson, *Altequelle* pour les bains, reliées par un long promenoir ; Paracelse sous un grand pavillon bouillonnant dans sa vasque m'a donné 5° en 1875 et en 1894, son débit est faible, pendant qu'Alte quelle donne 85 mètres cubes par jour, pour 3 à 400 bains.

L'analyse de 1874 porte : CO_2 1500 c. c, ; bicarb. terreux environ 1 gr.; bicarb. fer 0,04.

Les bains du Curhauss (galerie de communication avec l'hôtel) viennent de subir des modifications : il y avait 80 cabinets que j'avais signalés comme exigus ; aujourd'hui ceux de première ont 3 mètres sur 2,5 et 3 de haut ; les baignoires ont des carreaux de faïence ; prix un peu élevé. Les anciennes baignoires de bois qui avaient leurs avantages restent dans la 3e classe.

Le nouvel hôtel, *neues stahlbad*, élevé sur une éminence et disposé un peu à l'américaine, date de 1892. Le point intéressant est qu'il possède une nouvelle source, *Funtana surprunt*, fait heureux pour le pays. J'ai trouvé 7° à la source ; débit 230 mètres cubes ; minér. 1,2, bicarb. fer 0,05 ; CO_2 1600 c. c. Belle galerie de bois pour la buvette ; 36 cabinets avec baignoires en cuivre ; chauffage par la vapeur.

L'eau ferrugineuse et fortement gazeuse produit ses effets habituels sur les grandes fonctions ; quelques précautions à prendre par crainte des congestions. L'air de la haute montagne s'associe à l'action tonique ; augmentation du nombre des pulsations et des battements cardiaques (Jaccoud); acclimatation assez prompte et mal de montagne rare.

Indications. — Chloro-anémie ; débilité générale, fatigue nerveuse, convalescence ; hystérie, hypocondrie, névroses diverses. Dyspepsie ; troubles menstruels. Phtisie peu avancée, nous sommes dans la zone incontestable de l'immunité. Cachexie paludéenne ; albuminurie simple (Jaccoud).

La cure d'hiver ne se fait qu'au village, à l'hôtel Engadiner Kulm ; encore les phtisiques n'y sont pas les plus nombreux. Beaucoup de jeunes Anglais qui y viennent se tonifier et font des parties de traîneaux. Gaspard Badruth reste ouvert toute l'année.

Pontresina. — Station d'été.

Voisine de Saint-Moritz dans la vallée du Flatzbach, nord-ouest, sud-est, tributaire de l'Inn, situation coquette sur la rive droite ; à l'entrée, hôtel Rosegg d'où la vue du glacier. De là on visite le glacier de Morteratsh et la grotte.

Climat plus tempéré, alt. 1800, à cause de l'abri nord-est par le Landguard. Saison plus longue, 1er juin-1er octobre. Environs boisés, ascensions intéressantes. Sol : granite et gneiss, beaucoup d'éboulis chaotiques. Bonne eau potable ; T. 6-9°.

Maloja. — Station d'été.

De Saint-Moritz, 1 h. 30 de voiture en plaine, par Silva plana, route de Julier. C'est une charmante route jusqu'au haut de la vallée : vue des rideaux de sapins et de mélèzes, des pics dénudés, des glaciers en longeant les lacs ; belles masses de micaschistes blanc d'argent et blocs chaotiques.

L'hôtel est assis entre le fond boisé du lac de Sils et les précipices du val Brégaglia. Isolé,il semble le gardien de la vallée ; sa façade principale, à coupole centrale toute garnie de balcons, sa terrasse au midi, son vestibule grandiose à colonnes, ses salons, son théâtre, sa société nombreuse, environ 300 personnes,rassurent un peu contre la crainte de l'isolement. Il y a quelques chalets annexes.

Le climat, alt. 1800 mètres, y est plus rude qu'à Pontresina, faute d'abri. Le vent du sud-ouest, qui remonte d'Italie et redescend l'Engadine, souffle parfois violemment. Est-ce pour cela que la cure d'hiver est totalement abandonnée? Il vient quelques Français ; les Anglais en majorité.

En descendant de Saint-Moritz dans la Valteline par le beau passage de la Bernina on passe à

Le Prese. — Eau sulfhydriquée faible.

Sur la route postale, 5 kil. de Poschiavo. Saison : de juin à octobre.

Curhauss et jardin sur le lac. Installation coquette. Bains en hémicycle, une douzaine de cabinets ; baignoires de marbre ; chauffage à la vapeur.

Climat doux, ciel d'Italie ; alt. 960 ; moyenne d'été 15°. Terrain schisteux cristallin.

Source voisine du Curhauss : le robinet coule toujours ; temp., 7,5 ; débit dépasse 100 mèt. cubes. L'argent n'est pas noirci, sulfuration presque nulle ; minér., 0,3. La fontaine d'eau douce m'a donné 6°5.

Le Prese est avant tout un séjour agréable ; protégé par les montagnes.

En descendant de l'autre côté par le passage grandiose de l'Albula :

Alveneu. — Eau sulfhydriquée faible.

De Coire, 5 h. de voiture ; belle route. Saison :
15 juin au 15 septembre. 4-500 visiteurs. Hôtel bien
tenu au milieu des arbres et prairies sur l'Albula.

Climat tempéré par les forêts voisines : alt. 960 ;
moyenne de l'été 15 ; peu de soleil.

Source voisine : d'une fissure de la dolomie du
trias (Théobald) ; pyrites en décomposition ; temp.,
8,5 ; débit dépasse 700 mèt. cubes. Caractères sulfureux peu tranchés, dépose des flocons jaunâtres.
Analyse de Planta. R : minér. 1,25 dont sulf. calcique 1 gr.

Buvette sous un pavillon ; on boit 4-8 verres. Cabinets de bain, une trentaine dans l'hôtel.

Indications des sulfureuses faibles ; trop multipliées dans les brochures. Il fallait parler d'Alveneu
à cause de son débit exceptionnel pour ce genre
d'Eaux et à cause de son ancienne réputation.

Wiesen. — Station d'hiver encore peu connue.

On y va d'Alveneu par la route qui mène à Davos,
vallée Landwasser. Wiesen est à 1450 mèt., bien
exposé, assez bien protégé, mais n'a pas d'installation suffisante.

Si l'on descend vers le Tessin par Chiavenna et
Colico on rencontre

Lugano et **Locarno.** — Deux stations d'hiver.

Climat méridional démontré par la végétation :
alt. 275 et 210 ; temp. moyenne 12°, hiver 3 à 5° ;
pluie abondante et humidité ; abri incomplet. Situation riante sur les lacs. Il n'y avait pas de motifs
sérieux pour y créer des séjours d'hiver.

Acqua Rossa. — Eau ferrugineuse.

De la station de Biasca (Gothard), 1 h. 30 en voiture. Vallée de Blenio.

Climat méridional par la végétation : alt. 530 ; moyen d'hiver, 3. Roches cristallines.

Source : temp., 25° ; débit, 60 mèt. cubes. Minér. près de 3 gr. dont sulf. terreux 1,6 ; b.-carb. fer 0,034 ; CO_2 libre 0,38. Boues arsenicales et manganésiennes.

Le Dr Soffiantini nous a fait connaître Acqua Rossa au Congrès de 1889.

A Airolo, entrée du grand tunnel, on monte à mulet à l'hôtel Piora, 1850 mèt., l'un des plus élevés des Alpes.

De Göschenen, sortie du tunnel, montée en une heure de voiture à

Andermatt. —- Station d'été et d'hiver.

Climat rude : alt. 1440 mèt. ; moyen. hiver, — 5 ; pluie 1200 c. c. ; village trop encaissé, dans la vallée d'Urseren ; le Curhauss est mieux placé et disposé pour l'hiver.

L'avenir décidera de l'opportunité de la cure d hiver ; pendant l'été, excursions intéressantes.

Avant de passer sur l'autre versant des Alpes, nous dirons un mot du Monte Generoso et de Stabio.

Monte Generoso. — Station d'été.

De Mendrisio on y montait à mulet ; aujourd'hui chemin à crémaillère, embranchement de la grande ligne.

Hôtel créé par Pasta que j'ai vu en 1875 ; il avait un observatoire : alt. 1200 mèt. ; temp. moyenne, 6 à 7° ; été 12-15 ; minima, — 12 ; maxima 24 ; hygr., été 75 ; vents dominants S.-E. et N.-O. Air doux et climat assez égal.

En suivant la montagne j'ai observé, à 600 mèt.,

une fontaine à 12°; les châtaigniers ne finissaient qu'à 1000 mèt. Vers le haut : aconit, gentiane, hellébore comme en Auvergne. Sommets calcaires dénudés : calcaires à ammonites et belemnites ; calcaire noir en fragments irréguliers à odeur bitumineuse.

Stabio. — Eau sulfurée alcaline, sulfhydriquée forte.

Près Mendrisio ; alt., 370 mèt.

Plusieurs maisons de bains ; assez fréquentées. Sources froides, temp., 12°, à peu près la moyenne. L'analyse indique 0,12 de sulf. alcalin et 38 c. c. de gaz SH ; c'est une richesse rare.

Le pourtour du lac des Quatre-Cantons est bordé de jolis endroits plus ou moins élevés, plus ou moins frais où les hôtels dits Curhauss se sont bâtis comme par enchantement. Nous ne ferons que mentionner Küssnacht, établissement de *Monséjour* (l'abbé Kneipp), Hertenstein, Weggis, Gersau trop chaud l'été, Brunnen, Axenstein sur la hauteur, Beckenried, Bürgenstock, etc.

Rigi. — De Vitznau le funiculaire monte au Rigi-Kulm en 1 h. 15, 1800 mèt., c'est-à-dire 1400 au-dessus du lac. Le Rigi-Scheideck est à 1650 mèt.

La station la plus intéressante à notre point de vue est le Rigi Kaltbad, 1440 mèt. Immense hôtel pour 300 personnes avec annexes pour l'hydrothérapie, grandes terrasses, galeries au soleil. Exposé au S. S. E., protégé du N. O. par les bois. A peu de distance, vue du Kanzli qui prépare à celle du Kulm. A côté de l'hôtel, la Chapelle (pèlerinage) où se trouve une belle source dont le degré 6 m'a paru voisin de la moyenne du lieu. Elle sort des masses de Nagelflühe à gros cailloux polygéniques et dont le ciment est très dur à entamer.

On séjourne à plusieurs stations du Rigi.

Seelisberg. — Cure de lait et petit-lait.

Du bateau, 1 heure en voiture ; bonne route.

Sur le plateau, plusieurs hôtels et pensions avant d'aborder le *Curhauss Sonnenberg*, immense maison que j'ai trouvée encore agrandie, avec des salons et des galeries interminables pour 300 personnes. Protection par un grand bouquet de bois ; exposition au levant. De la terrasse vue sur la masse calcaire du Seelisberg, la baie de Fluelen, le glacier du Tödi, etc.; à droite l'Oberland, à gauche les montagnes de Lucerne.

Climat tempéré : alt., 850 ; on peut rester jusqu'en octobre. Le soleil ne gêne que le matin.

De Lucerne, après avoir passé le Brunig pour se rendre à Interlaken par Brienz, il est facile de visiter *Mürren* par le funiculaire et *Grindelwald*, dont on a fait une station hivernale. S'il est vrai que son altitude moyenne et la protection du Faulhorn lui assurent un climat moins rude ; d'autre part, sa position enfoncée au milieu des grands pics, le manque de soleil, le voisinage des glaciers, la fréquence du föhn lui créent des conditions peu attrayantes.

De Thoune plusieurs lieux à visiter :

Saint-Beatenberg. — Station d'hiver, très courue l'été.

Chemin funiculaire partant du lac.

Climat doux : alt., 1150 m. : les moyennes de l'hiver ne sont pas très basses.

Heustrich. — Eau sulfurée alcaline et sufhydri-
quée.

De Thoune, 1 heure en voiture.

A l'entrée de la vallée de la Kander, au pied du
Niesen, partie riante.

Climat doux : alt., 640; humidité ; schistes calcaires éocènes.

Source : temp., 6 ; débit faible. Minér. 1 gr. ; sulf.
alcalin 0,03 : SH 10-12 c. c.

L'établissement peut recevoir 300 personnes, il
comporte des cures très variées.

Weissenburg. — Eau séléniteuse, station sani-
taire.

De Thoune, 3 heures de voiture ; Simmenthal,
pâturages et troupeaux renommés.

Saison : juin à fin septembre.

Les bains nouveaux et les bains anciens plus
avant dans la gorge, ces derniers reconstruits en
1887 peuvent loger 400 personnes. En 1869 on comp-
tait 7 à 800 visiteurs, parmi eux quelques Français
envoyés par les médecins de Lyon. L'ancien
Curhauss fut établi par la famille Muller qui y resta
de père en fils.

Climat doux et humide : alt., 875 m.; moyenne
d'été 15°; hygrom. près du point de saturation
matin et soir ; abri du N E. Les sapins par leur
ombre et la gorge étroite gênent l'accès du soleil et,
cependant, la chaleur se concentre dans cette espèce
de cuvette aussi bien que l'humidité. Les rochers,
calcaire jurassique, gris foncé.

J'ai été à la source dans la gorge du *Buntshibach*,
par un chemin affreux : temp., 27° en août ; débit,
60 mèt. cubes ; minér., 1,5 ; sulfates terreux 1,3.

L'eau descend par des tuyaux de bois disposés comme à Ragaz et ne marque plus que 23° à la buvette.

Elle se boit à la dose de 7 à 8 verres, un peu lourde à digérer étant tiède et sulfatée ; est laxative et diurétique. Il y a une vingtaine de baignoires qui servent moins qu'autrefois. Régime assez sévère, un seul bon repas.

Indications. — Dans les ouvrages de Pointe, professeur à Lyon, 1853 ; Jonquières qui pratiquait à Berne ; Muller 1868, etc. Spécialité pour les maladies chroniques des voies aériennes : catarrhes bronchiques, asthme ; diminution de la toux sèche, de l'enrouement, de la dyspnée ; chez les tuberculeux, disparition des phlegmasies chroniques et résolution des produits indurés ; hémoptysies modérées ; Muller parle d'empyèmes guéris. De plus quelques affections abdominales, quelques catarrhes vésicaux ; quelques affections cardiaques.

Des théories injustifiables ont tenté de rapporter à l'eau toute l'action curative ; mais le facteur altitude n'était pas mis en cause. La clinique restait s'appuyant sur une longue expérience. Weissenburg est intéressant sous ce rapport ; c'est un type d'eaux sédatives qu'on pourrait rapprocher d'Ussat et de Bigorre, bien entendu avec des réserves. On y envoie toujours des phtisiques, sauf les contre-indications générales, l'âge, l'atonie, la diarrhée, etc.

Le Gurnigel. — Eau sulfhydriquée forte, séléniteuse. De Berne, 4 heures en voiture.

Saison : juin à fin septembre.

Bain ancien, très fréquenté, connu des Français. Grand établissement, terrasse au nord.

Climat : lat. 47, alt. 1150 ; moyenne d'été 14 à 15 ; humidité 80 ; entourage de forêts. Sol, dolomie et gypse. Sources : T, 7 et 8°, débit 30 mètres cubes, un peu faible pour les bains ; minér. près de 2 gr. dont sulf. calcaire 1,6, SH jusqu'à 35 c. c., d'où les caractères sulfureux tranchés.

La boisson est le fond du traitement, 6 à 8 verres. Bains : une trentaine de cabinets. Régime suivi par les malades.

Indications : Des sulfurées fortes ; les auteurs les ont trop multipliées.

La Lenk. — Plus élevé et plus loin que Weissenburg se distingue par une sulfuration exceptionnelle : SH, 45 c. c.

Le lac Léman, ainsi que les lacs précédents, est bordé de villages, de villas et d'hôtels (séjours hygiéniques). La partie qui mérite le plus notre attention est comprise entre Ouchy et Villeneuve ou mieux entre Vevey et Chillon. Il y a déjà longtemps que les auteurs anglais et allemands avaient signalé Montreux station d'hiver. Vevey avait aussi prospéré en tant que séjour d'automme et cure de raisins ; trop chaud l'été, si ce n'est le parc ombragé du grand hôtel.

Montreux. — Station d'automne et d'hiver.

Aujourd'hui *Clarens*, *Montreux*, *Territet*, etc., forment un groupe, ligne continue de maisons, de villas et d'hôtels (nouvel hôtel grandiose à Territet, établissement hydrothérapique) ; mouvement extraordinaire de voitures qui croisent le tramway électrique dans un étroit espace entre le lac et les collines. Bonne installation d'hiver.

Climat : lat. entre 46 et 47 ; alt. 400 mètres et

au-dessous; exposition sud-ouest, très chaude l'été à cause de la situation en espalier et de la réflexion du soleil par le lac, un peu compensée par la vaporisation; absence d'arbres et poussière intolérable. Ne me parlez donc plus des poussières de la Corniche.

L'abri du nord-est devient, au contraire, précieux l'hiver; moyenne 2,5; minima, — 10°. Pluies assez abondantes. Châtaigniers et vignes couvrant les côteaux.

Bref, Montreux excellent pour l'automne et la cure de raisins ne convient, en hiver, qu'aux gens du pays ou des régions voisines, à ceux qu'excite trop la mer ou le soleil du Midi. Les hivers n'y sont doux que relativement. D'autre part la question d'altitude n'a rien à faire ici.

Le funiculaire dont on a tant parlé monte de Territet à Glion 750 mètres, plus haut à Caux, jusqu'à 2000 mètres aux rochers de Naye; sites de plus en plus frais et pourvus d'hôtels confortables; étude des calcaires liasiques.

Les Avants. — Station d'été et d'hiver.

De Montreux 3 heures, bonne route de voiture.

Climat: alt. près de 1000 mètres, moyenne hiver, — 2; humidité moyenne; protection insuffisante contre les vents du nord. Voisinage des forêts, insolation assez longue.

Les Avants débutent; leur hauteur moindre qu'à Beatenberg est-elle suffisante?

Nous entrons dans la vallée du Rhône.

Leysin. — Station d'hiver.

Montée par Aigle, 3 heures de voiture, 900 mètres, route sûre, un peu chaude le long des calcaires, souvent boisée et toujours pittoresque. A Seppey, embranchement pour les Diablerets. Le village de Leysin, 1260 mètres, se présente en premier.

Là ont été faites les observations : hiver, — 2 et minima jusqu'à — 20 ; humidité moyenne, insolation longue, jours clairs, calme de l'air ; pluie par le vent sud-ouest, etc.

J'ai vu peu de situation aussi splendides que celle du grand hôtel de Leysin, isolé sur son plateau à 1450 mètres. De la terrasse, au-dessous de soi, prairies et mamelons boisés ; à droite, les profondeurs de la vallée du Rhône qui paraît un simple filet ; à gauche, la vallée des Ormonts et les crêtes des Diablerets. En arrière les bois de sapins sur les pentes des tours d'Aï protégeant du nord, s'élevant à 2000 mètres ; un retour des bois couvre du nord-ouest. L'hôtel regarde S. 15° O. L'air est pur, sans poussière.

Le bâtiment date de 1892, ce qui explique les perfectionnements apportés à l'installation. Forme chalet ; façade de 50 mètres avec balcons, galeries vitrées en bas ; chambres donnant presque toutes au midi ; pièces d'apparat très vastes pour la promenade intérieure et les réunions. Chauffage comme à Davos par des chaudières en sous-sol et vapeur à basse pression ; poêles à vapeur bien réglés pour entretenir une chaleur modérée et constante ; appels d'air nombreux ; doubles fenêtres, impostes. Du côté ouest poste, télégraphe, téléphone ; au côté opposé une galerie de bois ouverte au sud, moins grande qu'à Davos, disposée de même ; sièges où les malades passent la journée enveloppés de couvertures ; ils dorment aussi les fenêtres ouvertes, en temps calme.

L'hôtel ne logeant qu'une centaine de personnes, quelques chalets se construisent; on projette un casino; les malades augmentent. Des sentiers ont été ouverts dans la forêt en général en pente; des *sunboxes* permettent de s'abriter sur la terrasse. On y voit un petit observatoire, un actinomètre qui donne l'intensité des rayons solaires. Enfin une source pure d'eau potable vient de la montagne. Le sol est calcaire (flysch).

Indications : celles de Davos.

Leysin est moins grand que Davos, et ne saurait s'étendre dans les mêmes proportions. Site plus gai, puisqu'on voit en bas la région habitée, air plus pur, climat moins extrême.

Bex. — Eau salée forte.

Station du chemin de fer de la vallée. Grand hôtel des salines pour les bains.

Climat chaud : alt., 430; temp. moyenne 10°; végétation presque méridionale.

La source est aux salines que l'on peut visiter, les galeries étant assez commodes. Un immense réservoir et un puits très profond attirent l'attention. Minér., 170 gr. ; dans l'eau mère prédominance de Cl. magnésique, bromure 0,65; 2 à 3 % pour les bains. A signaler une source sulfureuse.

Indications de Rheinfelden et des Eaux salées fortes.

Dans la vallée des Ormonts, en allant aux Diablerets, hôtel du *Plan des Iles*, 1200 mèt. Site grandiose. Autres points plus éloignés au sein des hautes montagnes ; fraîcheur en été.

Lavey. — Eau thermale sulfhydriquée ; saline légère.

De Saint-Maurice, omnibus en 15 minutes par le nouveau pont du Rhône, 1876.

Saison : 15 mai au 1er octobre.

Hôtel bien installé pour 150 personnes, insuffisant vu le nombre croissant des clients; sur la rive droite, entouré d'un parc, dominé par de beaux rochers. Vie de famille, un assez bon nombre de Français.

Climat : lat. 46, alt. 430. Les chaleurs y sont tempérées par le courant du Rhône S.-N. et par la brise du jour que fait naître l'appel d'air le long des rochers abrupts; les soirées y sont douces sous la veranda.

Le sol alluvial sèche aisément. Gneiss et calcaire de la dent de Morcles si curieuse par ses replis où se confondent des couches de divers âges; preuve de bouleversements importants.

La source sort à la limite du gneiss qui va se perdre sous le calcaire de la dent ; les deux formations sont séparées par un petit lit de cargneule avec gypse. Les filets thermaux sourdent des fissures du gneiss au fond d'un puits de 20 mèt., temp. 51° ; à la buvette voisine, j'ai trouvé 45°, un peu moins que d'ordinaire. Il paraît qu'elle varie de 1 à 3 degrés, moins depuis le nouveau captage. Elle arrive aux bains à 37 ou 38, élevée par une pompe et conduite à 1/2 kilom. dans des tuyaux de fer galvanisé entourés d'un manchon de ciment.

Débit environ 100 m. cubes; D. 1001 ; Minér. 1,3 ; sulf. soude 0,7 ; Cl. sodium 0,35 ; peu de sels calcaires. SH 3 à 4 c. c. Az 28 c. c. Cette composition n'est pas sans analogie avec celle des sulfurées sodiques. Du reste les caractères sulfureux sont peu tranchés et le goût salin domine.

Les buveurs vont à la source le matin, par un chemin ombragé le long du Rhône ; ils ne dépassent pas 10 à 12 verres de 120 gr., quelquefois il est prescrit de mettre un peu d'eau mère.

Bains dans un bâtiment séparé : une trentaine de cabinets simples (cube 15 m.), baignoires fonte émaillée 250 lit. ; piscine d'indigents. Douches à T. 8° et forte pression. Bains avec Eaux-Mères de Bex dont Lavey a une réserve. — Bains de vagues à l'eau du Rhône, 8 à 10°. — Bains de sable créés par Suchard ; ils peuvent se prendre très chauds surtout locaux. Le sable du Rhône est chauffé dans un cylindre à serpentin.

Le petit hôpital aux bords du fleuve peut recevoir 300 malades par saison. Suchard m'a montré son dortoir, à l'air, entouré de rideaux de toile.

L'eau minérale est à la fois apéritive, laxative, sudorifique, diurétique, béchique et cicatrisante. Poussée rare des bains plus fréquente à l'hôpital vu la durée de l'immersion. Déjà nous avons fait la remarque, au sujet de Baden et Ragaz, de l'influence des méthodes.

Indications.—Nombreuses à cause des médications variées : chloro-anémie, débilité, convalescences longues ; tempéraments délicats des enfants.—Lymphatisme et scrofules en grand nombre depuis les Eaux-Mères. — Rhumatismes s'associant aux états précédents. Suchard signale l'amélioration de l'état du cœur chez certains rhumatisants. — Maladies des voies aériennes et de la peau. — Quelques affections du tube digestif et des voies urinaires. — Engorgements utérins et fibromes. — Lésions chirurgicales. — Nous renvoyons à la brochure de notre excellent collègue Suchard.

Lavey est facile d'accès, plus agréable qu'on ne croirait au premier abord, à la portée du lac et peu éloigné des grandes excursions. La température de l'eau convient pour le bain, et l'Eau-Mère est d'un secours précieux ; enfin l'innovation des bains de sable.

Saxon. — Eau thermale iodurée.

Station du chemin de fer.

Etablissement important.

Je dirai peu de chose de cette eau dont la minéralisation a soulevé tant de controverses.

Climat chaud, plus que Lavey vu la position ; terrain, roche dolomitique. Source : T. 24 ; débit 2 à 300 m. cubes ; il fut réduit de moitié par le tremblement de terre de 1855.

Indications : scrofule, syphilis, maladies de peau.

Sur une bouteille transportée j'ai obtenu la réaction de l'iode par AzO^5 et amidon.

Louèche. — Eau thermale, séléniteuse.

De Louèche-station 15 kil. ; 3 heures de voiture. Saison : du 15 juin au 15 septembre.

Les bains sont sur la rive gauche, le village sur la rive droite du torrent la Dala. La vallée court du N -E. au S.-O. où elle s'ouvre. En se plaçant sur le plateau qui domine on en voit la direction et la disposition : au fond le Balmhorn neigeux, à l'est les monts boisés du Torrenthorn ; à l'ouest et au nord-ouest les immenses parois du Daubenhorn et de la Gemmi dont l'hôtel est à 800 mètres plus haut que Louèche ; les sommets vont à une hauteur de 3.000 mètres. C'est donc une cuvette largement évasée. Néanmoins les promenades ne manquent pas vers la Gemmi (bois touffus) et vers les échelles, mélèzes énormes ; enfin en remontant vers le pont de la Dala.

Louèche est un bain ancien, des antiquités romaines en témoignent ; puis viennent les documents. du XIVe siècle. L'histoire des avalanches surtout en 1719 rappelle des catastrophes douloureuses ; de gros murs de soutènement et des plantations de mélèzes protègent la ville. Les débris des vieux bains se voient au pont. La route par la vallée de la Dala 1851 et la station du chemin de fer 1877, ont rendu les bains plus abordables par la vallée du Rhône ; les hôtels et les ressources se sont multipliés.

Climat : lat. entre 46 et 47° ; alt. 1410 sur la place, P. 646. T. d'été, 13 ; maxima 24 et minima rarement jusqu'à 0. Pluie 0,80 ; hygrom. 70-75 ; le sol en pente sèche vite. Vents : N.-E. qui descend et S.-O. qui remonte. Insolation assez longue, la Dala donne de la fraîcheur par sa proximité.

Sol : dépôts de tufs argilo-calcaires, produit des eaux constituant de petites collines qui coupent la vallée ; conglomérats, schistes désagrégés qui nourrissent la végétation. Masses calcaires en forme de tours ; blocs de grès aux Échelles.

Sources, une vingtaine : la principale, *Saint-Laurent*, sur la place, qui fume et bouillonne à grosses bulles quand on la découvre. T. 51,2 (par moi 1894) ; débit, 400 lit. par minute soit 2,000 m. c. Sur la hauteur plusieurs autres entre 40 et 48°. Dans la prairie, la *Roosgülle* qui s'est révélée par le tremblement de terre de 1855 ; T. 46 (par moi) ; débit 700 m. cubes ; grosses bulles d'azote. Elle est sans emploi.

Analyse (Lunge, 1885) : gaz azote domine ; minér. près de 2 gr. ; sulf., terreux 1,7 ; autres éléments sans valeur. On l'a appelée, à tort, sulfureuse.

Les bains commnniquent avec les hôtels par des galeries, ou bien sont dans les hôtels mêmes. — Bain *Saint-Laurent* sur la place, colonnade ; 2 piscines 8 mètres sur 4, piscines particulières. — Bain *Verrat*, en face, ancien, belle coupole ; 4 piscines de 6 m. sur 4. Bain neuf, 2 piscines. Bain des *Alpes*, 3 piscines et particulières. J'ai vu le temps où il n'y avait que des piscines communes et mélangé des deux sexes ; on a changé cela. Les bains sont ouverts de 5 à 10 heures et de 2 à 5 heures ; on y déjeune sur de petites tables flottantes. L'eau se refroidit la nuit, elle est brassée avec des pelles en bois ; j'ai trouvé la température à 35°, l'air des salles à 25° ce qui est beaucoup pour un séjour de plusieurs heures. L'air se renouvelle par en haut. Des portes s'ouvrent directement sur les piscines pour se rendre aux vestiaires Les piscines sont nettoyées tous les jours.

Hôpital Saint-Laurent pour une vingtaine d'indigents ; petit observatoire.

La boisson est accessoire. Les bains se donnent suivant une pratique spéciale. J'ai vu le temps où l'on y restait toute la journée ; aujourd'hui le maximum est 6 heures. Aussi la poussée est-elle plus rare, plus bénigne ; Grillet et De la Harpe en ont bien tracé le caractère, depuis l'erythème et les éruptions vésiculo-pustuleuses jusqu'à la dermite intense. Puissant modificateur et puissant révulsif qu'il ne faut pas toujours employer.

Indications. — Maladies cutanées, en tête l'eczéma chronique ; dartres rebelles, telles que le pityriasis, l'acné, le psoriasis lequel blanchit ; la syphilis en tant qu'épreuve. Rhumatisme, goutte et leurs conséquences. Névralgies, paralysies, contractures. Quelques troubles abdominaux et accidents utérins. Les phtisiques doivent être exclus en dépit de l'altitude.

Louèche a son caractère : site alpestre, abondance d'eau chaude. Méthode, spécialité pour la peau. Sa constitution la rapproche de Weissenburg.

C'est peut-être la station la plus intéressante en Suisse.

CONCLUSIONS.

Cet aperçu rapide suffit pour confirmer notre assertion à *priori* sur la richesse de la Suisse en agents hygiéniques et curatifs. Comme adjuvants, le confort des hôtels et des établissements, la facilité des transports.

Eaux minérales nombreuses, je dirai même trop nombreuses puisque leur valeur ne répond pas toujours à leur installation et au bruit qui se fait autour d'elles.

Presque toutes les classes d'eaux sont représentées :

Eaux *thermales simples*. Ragaz. Pfeffers.

Eaux *alcalines mixtes*. Tarasp, Pashugg, Fideris ; toutes froides, ce qui les met dans un état d'infériorité aussi bien que la faiblesse du débit. Du reste, minéralisation remarquable.

Eaux *salées*. Rhein felden, Bex, très fortes.

Eaux *séléniteuses*. Weissenburg, Louèche ; ces sources sont très nombreuses en Suisse, presque toutes froides.

Eaux *sulfureuses*. Schinznach, Gurnigel, la Lenk : les plus nombreuses, en général froides et sulfhydriquées ; Schinznach thermale par exception. Baden et Lavey chaudes, mais faibles en sulfuration et salines.

Eaux *ferrugineuses*. S. Moritz, Tarasp, très froides, très gazeuses.

Eaux *iodurées*. Saxon. Wildegg.

Eaux *amères* purgatives. Birmenstorf.

Remarquons la température élevée de certaines sources : Baden, Lavey, Louèche, autour de 50° ; celle très basse de Tarasp et St-Moritz de 5 à 6° ; leur richesse en gaz ; les débits énormes de Ragaz, Louèche, Baden à côté des débits insignifiants de Stachelberg. Heustrich.

Grand nombre d'établissements hydrothérapiques : Albisbrun, Champel, Aigle, Territet, etc.

Cures de lait et petit-lait, au plateau d'Appenzell, presque partout sur les hauteurs et dans les villes d'eaux.

Cures de raisin les plus renommées autour du lac Léman et dans la vallée du Rhône.

Cures d'air sur un grand nombre de lieux élevés ; les plus agréables autour des lacs de Lucerne, de Thoune, de Genève.

Cures d'hiver — dans les régions basses : Tessin, lac Léman ; dans les régions hautes : Davos, Saint-Moritz, Andermatt, Leysin.

Dans quels cas nos médecins auront-ils besoin de recourir à la Suisse ?

Weissenburg et Ragaz, très sédatives, Louèche spéciale pour les dartres rebelles ; Lavey sulfuro-salin, haute thermalité.

Stations d'été et d'hiver très élevées que nous ne possédons pas.

A ce propos il y a un choix à faire entre les villes d'hiver chaudes et froides. Laissons de côté Lugano et Montreux qui ne sauraient faire échec à la Provence. Vaut-il-mieux envoyer les phtisiques vers les plages chaudes ou sur les hauteurs froides ? La question qui eût paru ridicule il y a vingt ou trente ans se pose aujourd'hui.

La logique plaide pour les villes chaudes : facilité d'accès, ressources, soleil, clarté, gaieté ; longue expérience. Villes froides : calme et pureté de l'air, action tonique ; possibilité d'y passer l'année. L'avenir décidera.

Si nous avons rendu à la Suisse les éloges qu'elle mérite, nous ne lui avons pas ménagé les critiques ; cela pour rester impartial comme doit faire tout auteur qui se respecte. Nous ne nous sommes décidés à ce travail qu'après avoir consulté les notes prises sur place plusieurs années consécutives, ayant vu par nous-même et à plusieurs reprises, presque tous les lieux indiqués. Nos confrères de Suisse nous ont été d'un grand secours soit par leurs causeries, soit par leurs ouvrages.